科学のとびら60

天然物の化学

―魅力と展望―

上村大輔 編

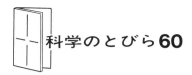

東京化学同人

「天然物の化学――魅力と展望」刊行にあたって

人は有史以来、自然界の産物（天然物）に目を向け順応してきました。身体の調子の悪いときには、経験と伝承口伝さらには動物の生活などに学んで、草根木皮を薬として利用してもきたのです。生活が安定すると、自然界で起こっているさまざまな生物現象へと興味の視点が広がりました。「蛍の光」、「花の色」、「香り」などです。これらの中心的な役割を果たしているのは化合物で、天然に存在することから天然物とよばれています。加えて生活の向上から生まれる情緒の問題として、衣料に対する染料、顔料にも目が向きました。おのずと趣向的な意味合いで興味がもたれたようです。衣料の素材も重要な天然物であり、特に狩猟で得られる皮革は欠かせない素材です。タンニンとアルカリによる鞣(なめ)しの技術は人類の知恵の結集ではないでしょうか。膠(にかわ)を含めた接着剤、ウルシ、ゴムなどすべてが天然物に根ざしたものであり、歴史のなかで熟成されてきた人類の英知の集大成です。このような天然物に関してわくわくするような知見・発見を紹介するのが本書であり、理解をすることもさることながら、読者の方々の知識の懐にそっとしまっておいて、さまざまな場面場面でそこから引出し、話の種・ネタにしていただくことを切に願っています。それでは「天然物の化学――魅力と展望」を存分にお楽しみ下さい。

最後に、編集に加わっていただいた西川俊夫、有本博一の両氏に感謝いたします。

二〇一六年四月

上村大輔

執筆者

有本博一　東北大学大学院生命科学研究科　教授、博士（理学）［第3章、第22章］

上江田捷博　琉球大学理学部　教授、理学博士［第2章］

上田　実　東北大学大学院理学研究科　教授、博士（農学）［第26章］

上村大輔　神奈川大学　特別招聘教授、理学博士［第1章］

浦野泰照　東京大学大学院薬学系研究科　教授、博士（薬学）［第24章］

長田裕之　理化学研究所環境資源科学研究センター　副センター長、農学博士［第18章］

河岸洋和　静岡大学グリーン科学技術研究所　教授、農学博士［第16章］

木越英夫　筑波大学数理物質系　教授、理学博士［第13章］

北　将樹　筑波大学数理物質系　准教授、博士（理学）［第7章、第15章］

古寺哲幸　金沢大学理工研究域バイオＡＦＭ先端研究センター　准教授、博士（理学）［第23章］

小松　徹　東京大学大学院薬学系研究科　特任助教、博士（薬学）［第24章］

島本啓子　サントリー生命科学財団生物有機科学研究所　主幹研究員、博士（理学）［第20章］

末永聖武　慶應義塾大学理工学部　教授、博士（理学）［第10章］

田上克也　エーザイ㈱ 原薬研究部 部長、博士(工学)［第6章］
西川俊夫　名古屋大学大学院生命農学研究科 教授、博士(農学)［第12章］
橋本貴美子　慶應義塾大学理工学部 特任准教授、博士(理学)［第14章］
平間正博　㈱アクロスケール 取締役、理学博士［第8章］
福沢世傑　日本電子㈱ 経営戦略室オープンイノベーション推進室 主査、博士(農学)［第11章］
福山透　名古屋大学大学院創薬科学研究科 特任教授、Ph. D.［第25章］
堀正敏　東京大学大学院農学生命科学研究科 准教授、博士(獣医学)［第4章］
村田道雄　大阪大学大学院理学研究科 教授、農学博士［第17章］
森達哉　住友化学㈱ 健康・農業関連事業研究所 上席研究員、農学博士［第19章］
山田勝也　弘前大学大学院医学研究科 准教授、博士(医学)［第21章］
山本敏弘　㈱ペプチド研究所 研究室長、理学博士［第5章］
横島聡　名古屋大学大学院創薬科学研究科 准教授、博士(薬学)［第25章］
脇本敏幸　北海道大学大学院薬学研究院 教授、博士(農学)［第9章］

(五十音順、［　］内は執筆担当箇所)

目次

第Ⅱ部　身近な毒、抗生物質、ケミカルバイオロジー……81

第1章　はじめに

上村大輔

天然物化学とは

天然物化学は有機化学を基盤とし、日本が得意とする学問の一分野です。自然界で活躍する**二次代謝産物**を取扱う化学の分野で、いろいろな周辺分野の科学者が加わり研究に没頭しています。二次代謝産物というとわかりにくいかもしれませんが、これは一次代謝産物から生体内で合成される物質で、複雑な化学構造に特徴があります。一次代謝産物は生物の生命活動に欠かせない基本的な物質で、たとえば酢酸などの低分子脂肪酸、グリシンのようなアミノ酸類、ブドウ糖のような糖質があり、またシキミ酸やクエン酸なども一次代謝産物です。当初は生命活動から生まれてくる物質のことを生気論から**有機化合物**とよんでいましたが、有機化合物といわれていた尿素がウェーラーによって人工的に化学合成（一八二八年）されたことで、酸化物を除く炭素原子からなる化合物すべてが有機化合物といわれるようになったことは、高校で習ったと思います。有機化学の原点は実は天然物化学なのです。

さて、日本の有機化学も天然物化学から出発し、大正時代にはおもにヨーロッパに留学した研究者が若い人々を引張りました。東北帝国大学 真島利行、東京帝国大学 朝比奈泰彦、鈴木梅太郎がその代表で、それぞれ理学、薬学、農学の三つの流れとして、日本独自の有機化学の草分けとなりました（章末文献1）。他国に比べ、日本の薬学系、農学系の有機化学は現在でも基礎的で強いのです。脈々とつながるこの特徴ある学術の流れは、純正、または応用に区別されることなく協奏的に発展しました。そんななかで二〇〇八年にはノーベル化学賞が下村 脩博士（緑色蛍光タンパク質GFPの発見）に、二〇一五年にはノーベル生理学・医学賞が大村 智博士（アベルメクチンの発見と線虫感染症の新治療法開発）に与えられたことは、大いなる喜びとして日本中で受け止められました。若い天然物化学の研究者にとって、またこの分野で活躍されたすべての人たちにも、心待ちにしたすばらしいニュースです。今後も一層この分野から立派な成果、たとえばノーベル賞級の研究が出るはずです。

自然界のさまざまな生物現象を、動的に理解しようとする知的好奇心を刺激するためか、天然物化学は研究者以外にも人気があります。また、医薬品、農薬へと関連することから絶好の研究分野であり、今後も一層発展する学術分野として期待が高まっています。本書ではおもしろく、わかりやすい天然物化学を紹介し、教養として、または日常生活の話題の種として楽しんでいただくことを期待します。

日本における天然物化学の業績

まず始めに、私が若いころ特に興味をもった話を紹介しましょう。それは「ネコにマタタビ」の話です。ネコ科の動物は**マタタビ**を狂ったように激しく喜びます。この現象は大阪市立大学の目武雄（さかん）らによって明らかにされ、マタタビラクトン類という天然物がその作用本体でした。マタタビを与えられた動物園のトラが、まるでトラでなくなったような様子が報じられたものでした（図1・1）。私た

図１・１　マタタビに酔った動物園のトラ

ちが研究に入ったころは、こういった時代で、生物に対する二次代謝産物の強力な活性に魅了されたものでした。

当時おもしろかった研究としては、北海道大学の正宗直らによる**グリシノエクレピン**（図１・２）の発見もあります（一九八二年）。ダイズ科の植物は、連作が効かないことで有名です。これは、マメ科の植物の根から出る物質を地中のダイズシスト線虫が感知して孵化寄生し、マメ科の植物が枯れてしまう現象です（図１・３）。この物質こそがグリシノエクレピンであり、正宗らはたいへんな年月と労力で物質解明に至りました。なにしろ、インゲンマメのひげ根一トンから一ミリグラムとれるのみだからです。この研究はさらに進展し、その他の植物、たとえばジャガイモなどのナス科の植物にも同様な現象が認められて研究が進んでいます。

微量で強い作用をもつことでは、**プロスタグランジン**も強烈な印象を与えた物質でした。これは、哺乳類の体内に存在する内因性の物質で、低濃度で強力な生理作用を呈します。

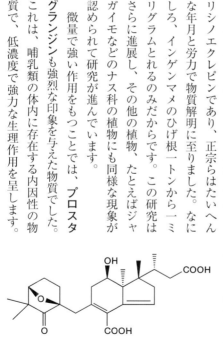

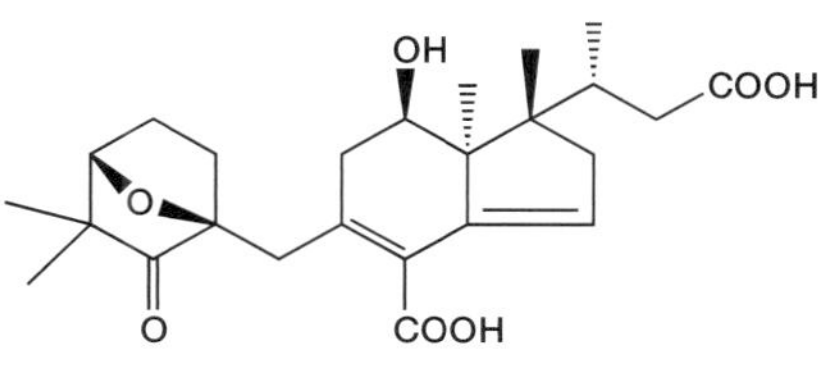

図１・２　グリシノエクレピンA

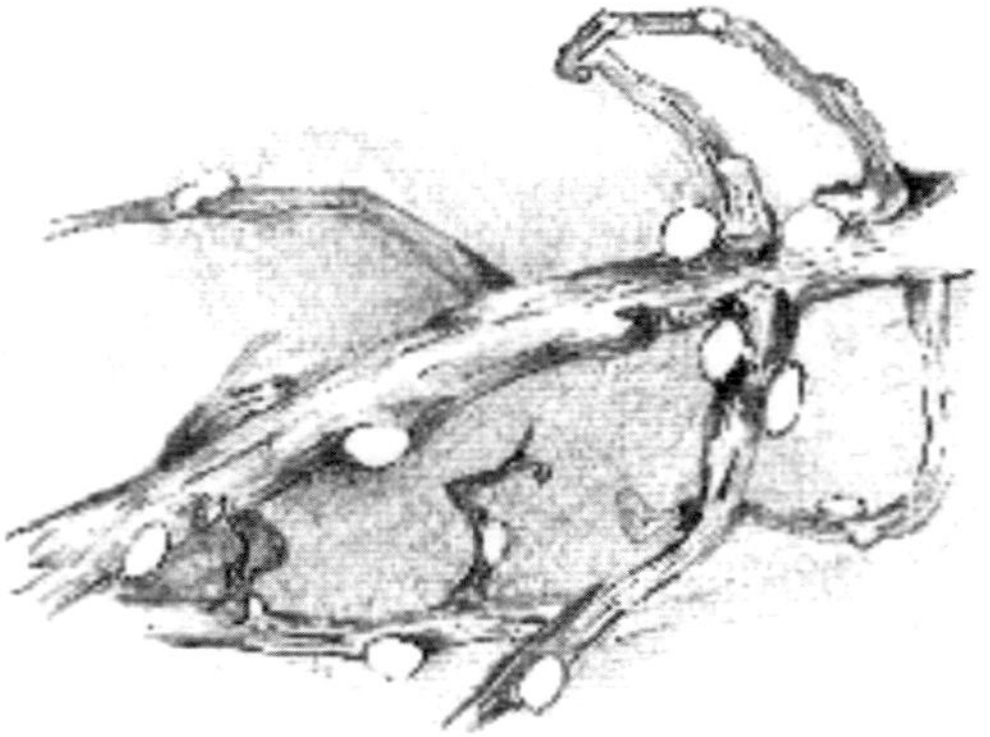

図1・3　マメの根に付着したシスト線虫　数百個の卵を含み地中に残り冬を過ごす．畑にマメなどの宿主生物が栽培されると，根から出る化学物質（グリシノエクレピン）にひかれて孵化，寄生する．

私たちの「恒常性（ホメオスタシス）」を保つ物質で、局所ホルモン、オータコイドともよばれます。たとえば、プロスタグランジンE_2（図1・4）は皮膚の炎症時に現れますが、もとは子宮筋の収縮作用から見つかったものです。こういった生体内物質の発見は大きく学問分野の進展に寄与します。すなわち、医薬品の開発や、今まで理解できなかった生物機能の解明につながりました。**アスピリン**のような抗炎症、鎮痛剤の作用は、このプロスタグランジンの合成を阻害することによると解明されています。これらの研究を通じてノーベル賞受賞者が数多く出たことはいうまでもありません。プロスタグランジンが結合する受容体の研究（成宮周ら）は、日本発の医薬品の創成に大きく貢献しました。

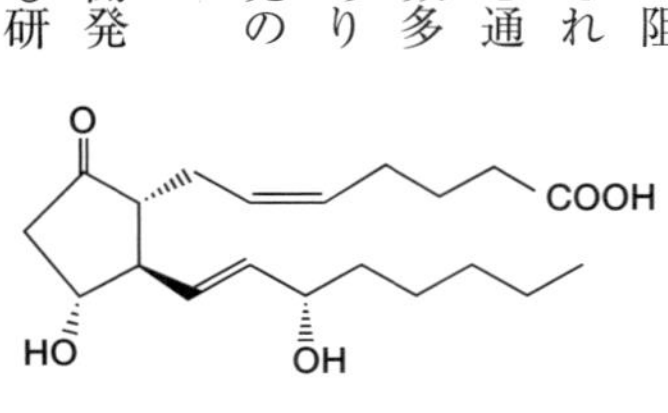

図1・4　プロスタグランジンE_2

農学系の研究者の興味は多くの場合、医薬品や農薬に直結する抗生物質の開発に目が向いたようでした。しかし、それだけではありません。抗生物質以外にも研究すべき問題が数多くあり、名古屋大学の坂神洋次らは、枯草菌 *Bacillus subtilis* のクオラムセンシングフェロモンである**ComXフェロモン**（図1・5）の構造を解明しました（二〇〇五年）。この天然物は、菌が増えすぎないための密度調整物質です。ある一定の個体濃度を超えると互いにすみにくくなるからです。この坂神の発見は大きな成果でしたが、残念なことに若く

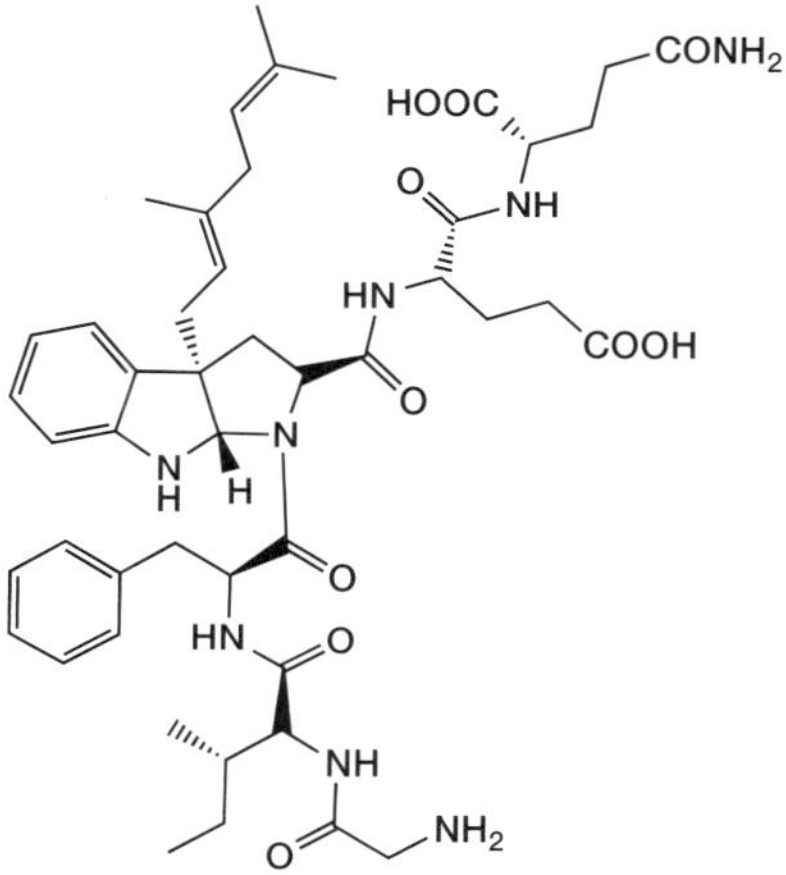

図1・5　ComXフェロモン

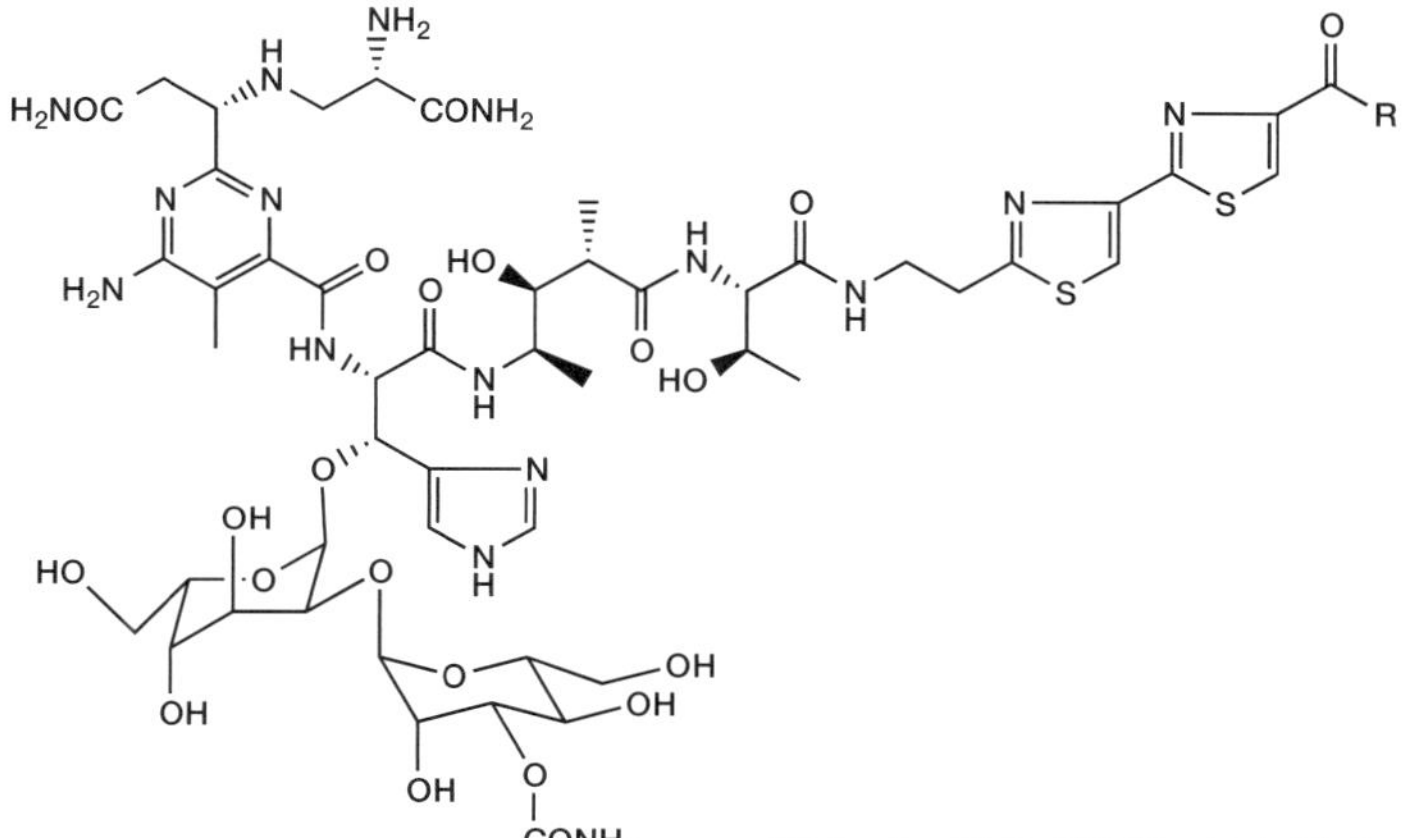

図1・6　抗がん剤ブレオマイシン

してがんで世を去りました。

加えて、微生物化学研究所の梅澤濱夫、滝田智久らの**ブレオマイシン**（図1・6）（章末文献2）の発見（一九六六年）も大きな成果です。扁平上皮がんに有効な物質で、現在も売られている抗がん剤ですが、この分子の構造決定にもたいへんな労力が割かれました。ちょうど筆者がパリトキシンの構造決定（第2章参照）を進めているころで、超伝導磁場の核磁気共鳴（ＮＭＲ）装置がやっと使えるようになっていました。しかし、質量分析装置はいまだに未熟で発展していない状況で、パリトキシンやブレオマイシンのような不揮発性分子の質量解析はまだ不十分な時代でした。

本書では、これ以降の天然物化学の興味深い発展についてたっぷりと紹介してまいりますので、期待して、通読していただくようにお願いします。

参考文献

（1）日本化学会編、『日本の化学百年史』、18〜23、東京化学同人（一九七八）。
（2）「天然物は発見し尽くされたのか」、『現代化学』、No.531, 6月号, p.18〜22 (2015).

第Ⅰ部　海洋生物の天然物化学

第2章　パリトキシンのはなし

上江田捷博

海産毒パリトキシン

パリトキシンは、古代ハワイ人が矢毒として使用した、海洋生物から発見された猛毒です。沖縄石垣島の同種生物からも同じ毒が分離されています。毒性の強さは青酸カリの約一万倍もあり、最強の毒の一つです。また、冠動脈収縮、抗がん、細胞膜のイオンチャネルへの作用などの性質も示します。このたぐいまれな特性をもつ分子は世界中の有機化学、生理学、薬学などの研究者から注目を浴び、その構造解明が待たれていました。その構造は、最新の機器分析、化学反応や合成によって、一〇年以上もの歳月を費やして決定されました。パリトキシン（分子式$C_{129}H_{223}N_3O_{54}$、分子量二六七八・六八）は、アミノ基、多数のヒドロキシ基やエーテル結合などの官能基をもち、六四個の不斉炭素原子を含む一二三個の炭素原子がつながった特異な分子であることが明らかになりました。分子の大きさや構造の複雑さにおいて従来の天然有機化合物をはるかに凌いでおり、また人工合成された最も複雑な分子とされています。

海産毒研究の目的の一つは、薬剤開発です。「毒と薬は紙一重」といわれているように、毒と薬は表裏一体です。たとえば、フグ毒テトロドトキシンは最も強力な鎮痛剤です。エイズ治療薬のAZT

（アジドチミジン）は海綿の有毒成分がもとになっています。毒は、研究試薬としても重要です。猛毒パリトキシンは狭心症などの研究で、カイニンソウ（海人草）の虫下し成分であるカイニン酸は神経生理の研究に使用されています。その他解毒、食中毒防止などの研究も重要です。

パリトキシンの採集

パリトキシンは一九七一年にハワイ大学のショイアー（P. J. Scheuer）教授らによってイワスナギンチャクから分離されました（図2・1）。この毒にはおもしろいエピソードがあります。ハワイの伝説のなかで、『リム・マケ・ハナ（ハナにある猛毒の海藻）という猛毒の海藻があり、矢毒に使用される。その生息場所は首長のみが知り、勝手に海藻をとると災いがふりかかる。』と語られています。シガテラ（サンゴ礁に生息する毒魚による食中毒）を研究していたハワイ大学の研究者が、その秘密の場所を突き止め、サンプルを持ち帰ったところ、研究所で原因不明の火災が起こりました。タブーにふれたからだといううわさがまことしやかに囁（ささや）かれたそうです。筆者がハーバード大学でパリトキシンの合成研究に携わっていたときにもボヤ騒ぎがあり、これは「カース　オブ　パリトキシン（curse of palytoxin、パリトキシンの呪い）」だということで、ハワイの伝説が話題になったものです。

一方、シガテラを研究していた東京大学の橋本芳郎教授らが、ソウシハギの内臓を食べた豚が死んだという石垣島での報告について調査を進め、その原因はソウシハギが食べたイワスナギンチャクの毒パリトキシンによることを明らかにしました（一九七二年）。

天然物化学の研究は、①採集、②抽出、③分離・精製、④構造解明、⑤活性試験、⑥合成と進み

(a)

図2・1　イワスナギンチャク（**a**）とそのポリプ（**b, c**）の写真

(b)

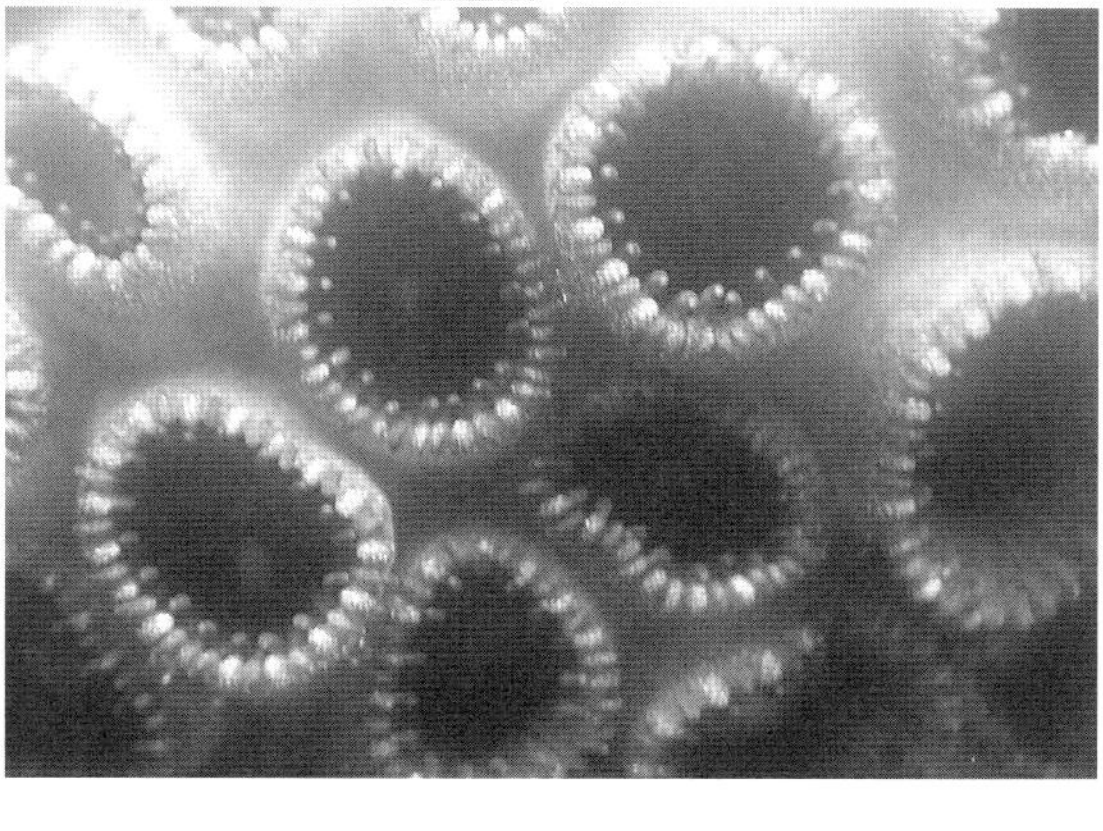

(c)

ます。筆者が研究に加わる少し前に、平田義正名古屋大学名誉教授と上村大輔名古屋大学名誉教授（当時 助手）が研究を開始し（一九七四年）、すでにイワスナギンチャクが繁茂する場所を石垣島に見つけていました。現在でも陸から一キロ以上も続くサンゴ礁潮間帯のあちこちに、無数のイワスナギンチャクが、まるでじゅうたんのように生えています。両先生は、当時このような光景を目の当たりにして構造解明が可能だと確信されたようです。採集は毒性が強い五、六月の大潮の干潮時に行います。沖縄独特のヘラを使い一人で数十キロをとった後、満杯のかごをランドセルのように背負って一キロ以上も足場の悪い岩場や砂地を歩いて運びます。きびしい作業でしたが、川平湾の美しい遠景やサンゴ礁の可愛い熱帯魚などには疲れを癒されました。採集材料はドライアイスで固め、翌朝はるか名古屋まで空輸しました。まさに若さがあってこそできた作業だとつくづく感じます。大量の材料処理、尋常でないパリトキシンの性質（有機溶媒に不溶、分子量が大きい、毒性が強いなど）のため、分離・精製にも工夫が必要でした。特殊な濃縮装置やクロマトグラフィー用ポリスチレン樹脂、高速液体クロマトグラフィー（ＨＰＬＣ。当時日本でやっと市販品が出たばかりでした。）などが使用されました。

パリトキシンの構造解明・全合成

有機化合物の構造解明には、質量分析、スペクトル分析、Ｘ線結晶構造解析、化学反応や合成などが使われます。パリトキシンの分子量は、核分裂を利用する特殊な質量分析法（プラズマ質量脱着法）で決定されました。核磁気共鳴（ＮＭＲ）スペクトルによって分子中の水素核^{1}Hと炭素核^{13}Cなど

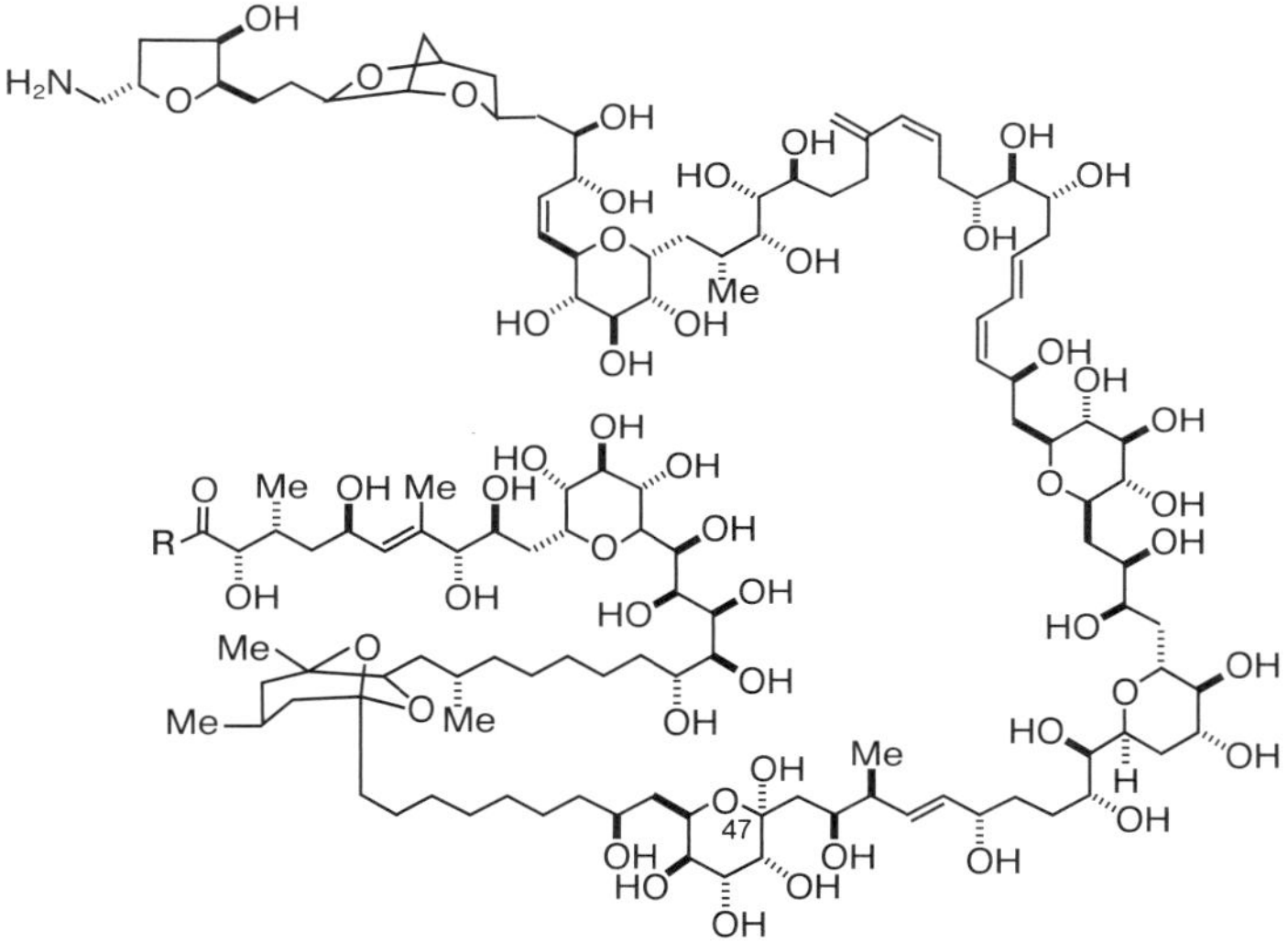

1: パリトキシンカルボン酸　　R = –OH

2: パリトキシン　　R =

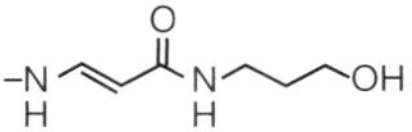

図2・2　パリトキシンカルボン酸*1*とパリトキシン*2*の化学構造　炭素原子Cとそれに結合する水素原子Hは省略されています．炭素原子Cは，結合線の「折れ目」にあります．「折れ目」から出ている結合線が4本でない場合，その他の「手」はすべて水素原子Hと結合しています．二重結合でないCは，メタンCH_4を基本とするテトラポットのような構造をしています．細い実線は紙面上にあり，太線は紙面から手前，点線は紙面から奥の方に伸びています．Oは酸素，Nは窒素，Meはメチル基．

を一つひとつ区別して観測することができ、それらのつながりがわかります。しかし、パリトキシンの構造があまりに複雑なゆえ、従来の電磁石を用いるNMR装置を使っての研究は、まるで竿で星をたたくようで歯がゆく感じていました。パリトキシンの明瞭なNMRスペクトルを得るため、東京大学の宮澤辰雄研究室で、日本に数台しかない超伝導磁石を使う高磁場フーリエ変換核磁気共鳴装置（FT－NMR）で測定していただきました。そのきれいなスペクトルに感動を覚えるとともに、FT－NMRの威力を目の当たりにして研究の前途が明るいことを悟りました。それでもパリトキシンそのもののNMRスペクトルでの構造解明は容易ではないので、パリトキシン分子を化学反応で切断して炭素数の少ない酸化誘導体に変え、それらの構造を決める方法がとられました。隣り合うヒドロキシ基をもつ炭素－炭素結合は過ヨウ素酸ナトリウムで、二重結合はオゾンで切ることができます（図2・2参照）。得られる誘導体はそれぞれ、一方の切断部分を含んだ互いに相補う構造となっています。パズルのようにそれらの同じ構造部分を重ね合わせてパリトキシンの平面構造が明らかにされました（一九八一年、図2・2参照）。次は、三次元的な原子のつながり（立体構造）を決めることです（図2・2とその説明文参照）。酸化誘導体の多くは結晶にならない鎖状化合物なのでX線結晶構造解析やNMRスペクトル分析が使えません。そこで立体選択的化学合成（立体異性体を区別して正確につくる方法）が採用され、平田義正教授門下で世界的有機合成化学者の岸 義人ハーバード大学化学科教授との共同研究が始まりました。岸教授らは、各酸化誘導体についで可能性のある立体異性体をすべて合成し、パリトキシン分子からの酸化誘導体と一致する合成品を選び出して立体構造を決めました（一九八二年）。その合成には、不斉炭素の立体構造がわかっているブドウ糖などを原料にし、立体化学の明らかな有機反応が巧みに使用されています。岸教授らは、さらにパリトキシン類の**全合成**にも着手しました。全合成とは、複雑な天然物を、容易に入手できる小さな分子から人工的につくり上げることで、たいへんな労力、時間、お金がかかります。ある有名な登山家は「そこに山があるから登る」といったそうです。困難なものに対する人間がもっている挑戦的な精神が強く働いてはいますが、全合成の本当の目的は、天然からは微量しか得られない薬剤の供給やより優れた薬剤の開発、新しい反応の開発、化学構造の確認などです。筆者がポスドク（博士号取得後に任期制の職に就いている研究者）として留学したころ、全合成は大詰めを迎えており、岸教授も含めてさまざまな国からの研究者が深夜遅くまで研究に打ち込んでいました。グループ討議や同僚との議論で研究を進めていきますが、初めのころはそれについていけず世界を相手にするには英会話力が不可欠であることを痛感しました。世界中の優秀で野心のある研究者が集まるハーバード大学はまるで不夜城で、優れた研究が多いのは当然だと感じた次第です。合成は、立体構造決定の際に合成された酸化誘導体をつないでいく方法がとられています。高選択的かつ高収率の厳選された有機反応が使われ、2×10^{20}の立体異性体のなかから一つだけをつくるという神業ともいわれる精密さで母核パリトキシンカルボン酸の全合成が成し遂げられました（一九八九年）。その論文には、二一名もの共同研究者がアルファベット順で名を連ねています。一九九四年にはパリトキシンの合成が完成しました。パリトキシン類の合成は、米国化学会が特集した「過去七五年における偉大な化学研究」でもとりあげられ、天然有機化合物の全合成史上の頂点に立つものとして高い評価を受けています。

有機合成化学と海洋天然物化学の将来

現代有機合成化学はパリトキシンのような複雑な分子をつくることができますし、また、天然からは微量しか得られない医薬品プロスタグランジンや抗がん剤エリブリン（上村教授らが発見し、岸教授らが全合成したハリコンドリンの誘導体。第6章参照）を供給しています。しかし、まだ課題は決して少なくはありません。酵素反応のように不活性な部位に官能基を導入する方法はないか、いかに合成工程を短くするか、保護基（官能基が反応しないようにマスクする原子団）を使用しない方法はないか、複雑な構造をもつ薬剤を大量供給するための触媒は開発可能か、有機溶媒の代わりに水を溶媒として使用できないか、などです。これら難問が若き頭脳の挑戦を待ち受けています。海洋天然物化学はまだ歴史が浅く未開拓な分野です。有用な海洋天然物の多くは微生物によってつくられていることが判明してきています。地球の表面積の七〇・八パーセントを占める海に生息する生物の種類は数十万ともいわれますが、多数の未知の生物の存在が予想されているので本当の数は想像がつきません。海は、抗生物質や抗がん剤などの医薬品、農薬や研究試薬などの発見の大きな可能性を秘めています。

第3章　パリトキシンの形

有本博一

分子の形を知るということ

どんな研究でも、完成まではたいへんな時間と労力がかかります。大きな課題を、いきなり解決するのは難しいので、まずはいくつかの小さな問題に切り分けて、部分ごとに解決を目指します。

前の章で登場した海産毒パリトキシンの構造決定でも、同様のプロセスがとられています。分子を小さな断片に切り分けて、部分ごとに構造を確定させたのち、これを組合わせて全体の化学構造が解明されました。

「全体を部分に分割して研究する」ことと「部分を組合わせて全体に迫る」という二つの相補的アプローチは、現代科学の常套(じょうとう)手段になっていますが、その限界もないわけではありません。ここでは、パリトキシンの形（分子全体の形状）を題材に考えてみます。

生物活性の発現には、分子の形状が深く関わります。パリトキシンはNa^{+}、K^{+}-ATPアーゼというイオンポンプに作用して強い毒性を示します。タンパク質との相互作用を考えるには、前提としてパリトキシンの形の情報が要ります。化学構造式が確定した分子ですから、「形」もすぐにわかるように思うかもしれませんが、そうではありません。個々の化学結合は、ぐるぐる回転することができるた

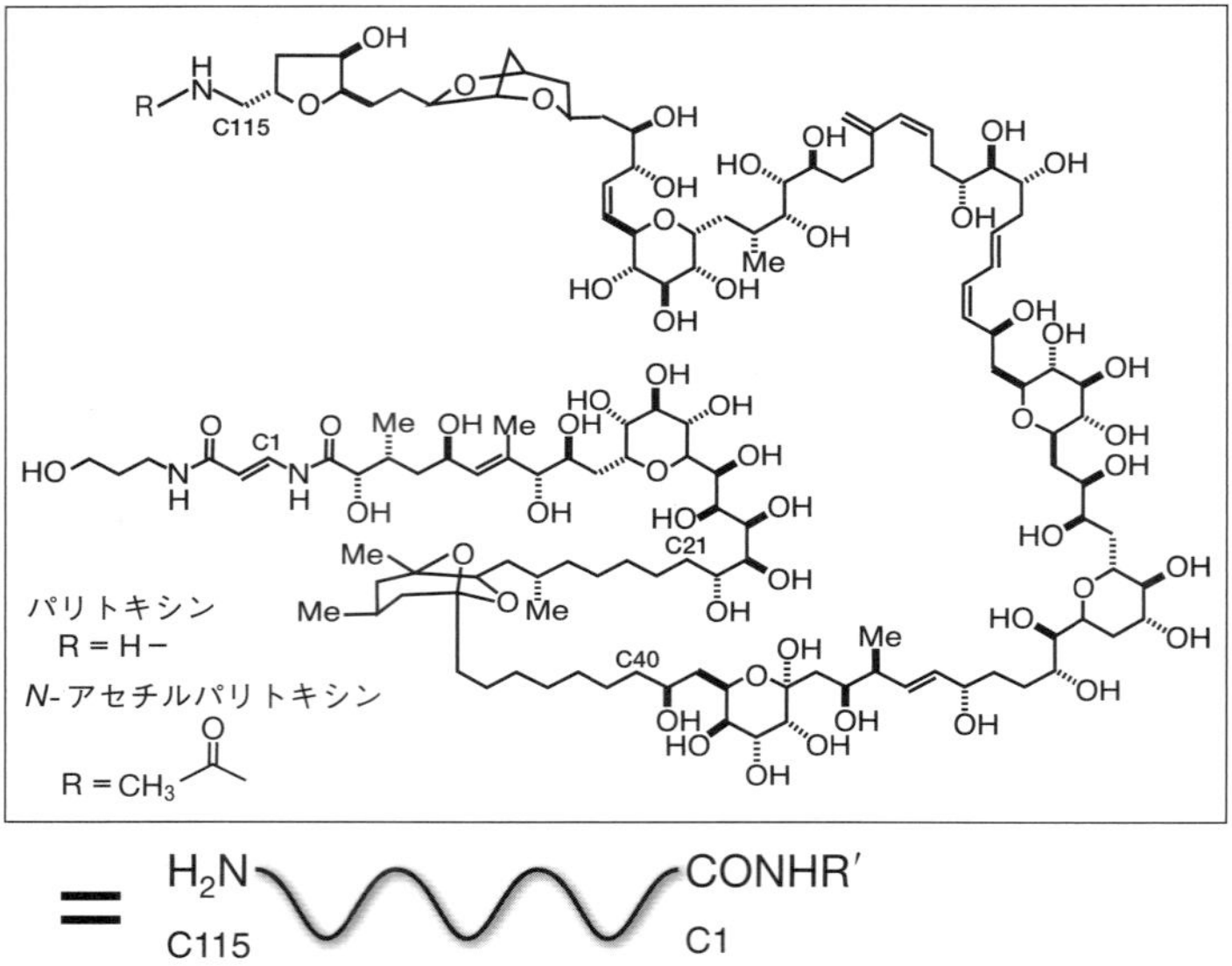

図3・1　パリトキシンは，ひも状の分子

め、絶えず動いているからです。

とても複雑なパリトキシンの構造式も、あえて単純に表現するなら「炭素からなる長い一本のひも」とみなせます（図3・1）。このひもの上にメチル基やヒドロキシ基などの官能基がたくさん生えています。ピンとまっすぐに伸びているのか、それとも絡み合って丸くなっているのかなど、容易には想像がつきません。

X線小角散乱によるパリトキシンの研究

パリトキシンの化学構造式を決める過程では、**核磁気共鳴スペクトル**（NMR）が大活躍しました。NMRでは、互いに隣り合った、もしくは近くにある水素、炭素、窒素結合について有用な情報が得られます。ただし、NMRは分子の形を

「見る」手法ではないので、得られたデータの解析は少々専門的です。結合定数とよばれる情報からは、二つの原子同士の互いの位置関係がわかります。このため狭い部分なら分子の形を決めることができます。得られた狭い領域の形を積み上げて、パリトキシン全体の形状を推定することも原理的に可能です。

しかし、すべての実験結果には誤差がつきものです。部分の情報をたくさん積み上げると、誤差もあわせて積み上がるため、出てきた結果の信頼性は大きく損なわれてしまいます。もっと大きな視点から、分子全体をまるごと取扱える別の手法はないか。筆者らは、タンパク質研究に使われる**X線小角散乱**にかけることにしました。天然物化学では、まったく応用例がない手法です。

X線小角散乱は、結晶構造解析同様の原理を用い、溶液状態で化合物の形状を解析します。パリトキシンのような非結晶性化合物にも使えます。

パリトキシンは歴史的な大きさの天然物ですが、タンパク質よりは小さいため、小角散乱が使えるか確信がありませんでした。幸い、藤澤哲郎博士（現 岐阜大学）の協力を得ることができ、数年の準備ののち、兵庫県佐用郡にある大型放射光施設SPring-8のビームラインで測定が行われました。

X線小角散乱では、散乱を起こす分子の大きさ（分子量）が求まります。散乱曲線のギニエ近似から得られる前方散乱強度$I(0)$を濃度Cで除した$I(0)/C$が、試料の分子量に比例するからです。基準物質のシトクロムcと比較したところ、パリトキシンの水溶液中での分子量は約五七〇〇と算出されました。この値は、パリトキシン（分子量二六八〇）二分子が会合して二量体を形成していることを示しています。結果を共同研究者の上村大輔教授に伝えたところ、想定外の結果をたいへん喜んで、ある実験事実を教えてくれました。それはパリトキシンの^{1}H－核磁気共鳴（^{1}H－NMR）スペクトルです。有機溶媒が共存する条件では、ちゃんとしたスペクトルが得られるのに、測定溶媒を水にすると、信号が太く、読み取りにくくなるとのこと。こうして小角散乱の結果をふまえると、会合体形成の影響であったのだと合点がいきました。

NMRスペクトルにおけるブロード化は、パリトキシン末端のアミノ基（NH_2基）をアセチル化すると消失します（図3・1参照）。そこで、*N*－アセチルパリトキシンのX線小角散乱を次に測定し、水溶液中の分子量を見積もってみました。すると、今度は約二六〇〇という値となり、実際の分子量（二七二二）に沿った結果となりました。会合せず単量体として存在することがわかります。

アセチル基部分は、パリトキシン全体の分子量の約一・五パーセント分にすぎません。このように小さな修飾が、なぜ会合状態に大きな違いを与えるのでしょう。また、アセチル化によってパリトキシンの生物活性は大きく低下することが報告されています。会合体形成と生物活性発現との関係があるかもしれません。

パリトキシン分子の形

次に本題の「パリトキシンの形」について話を進めましょう。意外に感じるかもしれませんが、小角散乱データ自体を直接読み解いて、形を明らかにするのではありません。ここでは、小球を通した「ひも」に分子を近似してコンピューターでいろいろな形を発生させます。この形（モデル）に対応する理論上の小角散乱パターンと実験データを照らし合わせ、合致するものを解とします（GASBOR

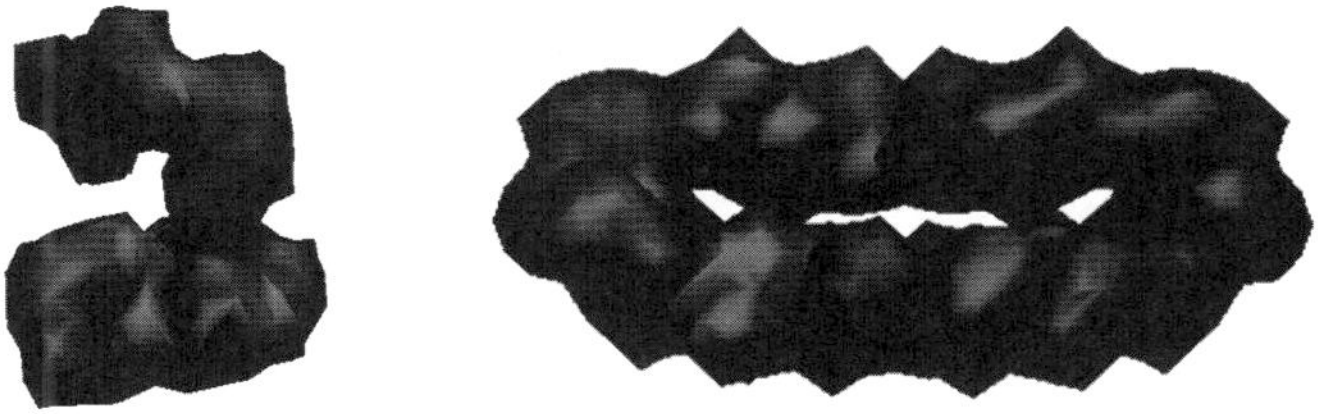

(a)　　　　　　　　(b)

図3・2　(a) *N*-アセチルパリトキシンの水溶液中での構造（単量体），(b) パリトキシンの水溶液中での構造（会合二量体）

法）。

まず、*N*-アセチルパリトキシンの結果です（図3・2a）。ひも状分子なので、決まった形にならずに、不規則に絡まるだけではないか？　という予想が、当初はありました。結果としては定まった形をとることがわかりました。モデルの大きさは、三・一×二・三×一・三ナノメートルで、全体として馬蹄形です。図の下側に描かれている一端が太くなっているので、分子鎖が幾重にも折りたたまれていると考えられます。この太い部分にはパリトキシンのカルボン酸末端や、疎水性部分（C21位からC40位）があるようです。

パリトキシン（図3・2b）会合体の大きさは、五・二×二・二×一・五ナノメートルで、楕円状の形をとっています。*N*-アセチル体と同様に馬蹄形をした二分子が向き合って環状になったと推定されます。思いもかけない綺麗な構造で実験にあたった犬塚俊康氏（現 岐阜大）と筆者は見とれてしまいました。

そうはいっても、パリトキシンの形をご覧になった読者のみなさんの感想はいかがでしょうか。もう少し詳しく見えたらいいのに、という不満が聞こえてきそうです。溶液のX線小角散乱では解像度が低く、結晶解析のように個々の原子の位置を特定することはできません。しかしながら、分子全体の形状を直接観察している点で、従来の「部分を組合わせて全体に迫る」手法とは異なり、明確で信頼できる結果ともいえるのです。

柔軟な見方で研究にのぞむ

さて、ものが「大きい」とか「小さい」といういい方を、日頃何気なくします。これは主観的なものです。一つの研究分野に、どっぷりと浸かってしまうと、ものの見方や測定手法が固定化されてしまうことに用心しなくてはいけません。パリトキシンは、見方によって巨大であり、同時にきわめて小さい分子でもある。これが今回の研究のメッセージかもしれません。

学会の懇親会で、（半ば冗談ですが）「天然物化学で小角散乱を使うのは反則だよ！」という感想を聞きました。パリトキシンが規格外の大きさの天然物だからこそ、いつもと違う手法が必要となるわけですから、こうやって研究は進歩していくのだと考えています。最近は電子顕微鏡技術が急速に発展していますので、パリトキシンと酵素の相互作用が直接見えるようになる日も遠くはなさそうです。

第4章　パリトキシンとATPアーゼ阻害剤

堀　正敏

はじめに

パリトキシン（PTX）は海洋天然化合物のなかで世界最強の毒性を示す有機化合物であり、体重三〇グラムのマウスにわずか五〜一五ナノグラム（ナノは一〇億分の一）を静脈注射するだけで、投与したマウスの約半数を死に至らしめます。この世界最強海洋天然化合物であるパリトキシンの生体における生物活性作用発現機構の解明は、一九七〇年代から世界中の研究者により手がけられ現在でも続いています。そして現段階では、パリトキシンはATP（アデノシン三リン酸）を使ってNa^+（ナトリウムイオン）を細胞外に汲み出しK^+（カリウムイオン）を細胞内に取込むNa^+ポンプ（Na^+、K^+-ATPアーゼ、図4・1）に結合し、Na^+とK^+を自由に透過させるまったく性格の異なるイオンチャネル（図4・2）に変えてしまうことがわかりました。

さて、新規化学構造をもつ天然有機化合物が、いったい生体にとってどのような生理活性作用をもつのでしょうか？　科学の技術が進んだ現代においても、その解明は初めは小さなヒントを手がかりに手探り状態で進めていくことが必要であり、困難を極めるときもあれば、ときに偶然の発見に助けられることもあります。そして何よりも優れた機能測定系（アッセイ系）を用いることが大切です。本章では、天然有機化合物の生理活性作用解明の一例としてパリトキシンを取上げます。

筋細胞を使った研究

化学物質の生理活性作用を探索する場合、興奮性細胞である**平滑筋細胞**はきわめて有用なツールになります。平滑筋細胞は内臓臓器を構成する細胞であり、骨格筋や心筋と同じ筋細胞ですが、複雑な細胞内の**情報伝達**の仕組みは他の一般の細胞と広く共通しています。しかも、未知の化学物質がその情報伝達の仕組みに何らかの影響を与えると、その結果は「**筋収縮・弛緩反応**」として簡単に捉えることができるのです。そして、パリトキシンの生体への作用として、当初、骨格筋のNa^{+}の透過性を亢進させることや神経興奮作用があることなどが報告されましたが、パリトキシンはきわめて低濃度（3×10^{-13}～3×10^{-10}グラム／ミリリットル）で平滑筋組織（腸管や血管）を収縮させることがわかりました。

平滑筋の収縮には、細胞膜の**脱分極**を感知して開く**Ca^{2+}（カルシウム）チャネル**というイオンチャネルを介した細胞外から細胞内へのCa^{2+}流入が必須です。脱分極とは、細胞膜を境として外部に対して生じている負の分極が減少することをいいます。そしてこの点に着目した研究から、血管平滑筋におけるパリトキシンによる収縮は、細胞外のCa^{2+}を除去することで消失することや、パリトキシンが平滑筋細胞膜の脱分極をひき起こすことがわかりました。つまり、パリトキシンは細胞膜を興奮させて脱分極をひき起こし、その結果、脱分極感受性のCa^{2+}チャネルが開口して細胞外からのCa^{2+}流入を生じ、結果として筋が収縮するのだろうと予想されました。つづいて興味深いことに、心筋細胞においてもパリトキシンは細胞膜の脱分極をひき起こし、心筋収縮を増強させることがわかりました。そして、平滑筋細胞や心筋細胞におけるパリトキシンによる収縮反応は、細胞外のNa^+を低下させることで抑制されました。つまり、パリトキシンは骨格筋、心筋、平滑筋、神経細胞などあらゆる細胞に共通して細胞膜を脱分極させること、パリトキシンによる脱分極には細胞外のCa^{2+}とNa^+が必要なこと、がパリトキシンの生理活性作用の特徴として浮き彫りになりました。そして、パリトキシンはあらゆる細胞に発現しているNa^+チャネルを活性化し、Na^+を細胞内に流入させて細胞膜を興奮（脱分極）させるのではないか、と考えられるようになりました。

赤血球を使った研究

すると、筋細胞に替わる、より簡便なアッセイ系として赤血球を用いたパリトキシンの作用解析が飛躍的に行われるようになりました。また、原子吸光分析法を用いて細胞内のNa^+イオンやK^+イオン濃度を測定する手法が確立し、赤血球におけるパリトキシンによる細胞内イオン動態変化の測定がなされました。その驚くべき結果として、パリトキシンを処置した赤血球では、非常に短時間に細胞内のK^+が細胞外へと流出することがわかりました。この研究結果はパリトキシンの標的分子はNa^+チャネルであるという仮説に疑問を投げかけるものでした。そこで新たな標的分子として想定されたのがNa^+ポンプでした。

パリトキシンの標的細胞としてのNa^+ポンプ

Na^+ポンプは、ＡＴＰ一分子を加水分解して３Na^+を細胞内から細胞外に汲み出し、替わりに２K^+を細胞外から細胞内に取込みます。これによって、ATP一分子あたり、一電子ずつ細胞膜外側が荷電されることになり、Na^+とK^+は細胞膜を隔ててイオン濃度勾配ができ、細胞膜電位が形成されます。したがって、Na^+チャネルが開口すればNa^+濃度勾配にしたがって細胞外からNa^+が細胞内に流入し、細胞膜は脱分極をひき起こすのです。

古代から矢毒として使われてきたゴマノハグサ科やキョウチクトウ科の植物がもつジギトキシンやストロファンチンは**強心配糖体**とよばれる天然有機化合物であり、このNa^+ポンプを特異的に阻害します。一八世紀になって強心配糖体は強心薬としての処方が確立し、心不全治療薬として現在でも使われています。この強心配糖体のなかで超短時間作用型の**ウワバイン**は研究試薬としてもよく使われます。そして、第二の驚くべき実験結果として、血管平滑筋におけるパリトキシンの収縮反応や、赤血球でのパリトキシンによる細胞外へのK^+流出がウワバインによって部分的に阻害されることが見いだされました。これらの発見により、パリトキシンの標的分子はNa^+ポンプであり、その結合部位はウワバインの結合部位の近傍にあるという仮説は、一気に確固たる説となりました。さらにパリトキシンを処理した平滑筋細胞や心筋細胞では、Na^+を流入させたりK^+を流出させたりする特性をもつ新しいイオンチャネル（非選択的陽イオンチャネル）がつくられることがわかりました（図4・2）。

Na^+ポンプはイオンを通過させる小孔を形成するα、β、γ三つのタンパク質（サブユニット）から構成されており、αサブユニットの細胞外ドメインにはウワバイン結合部位が、細胞内ドメインにはATP結合部位があり、ポンプ機能を担っています（図4・1a）。そして、パリトキシンの生理活性機能の究明は次のステップとして、パリトキシンの標的細胞が本当にNa^+ポンプであるか否かを直接

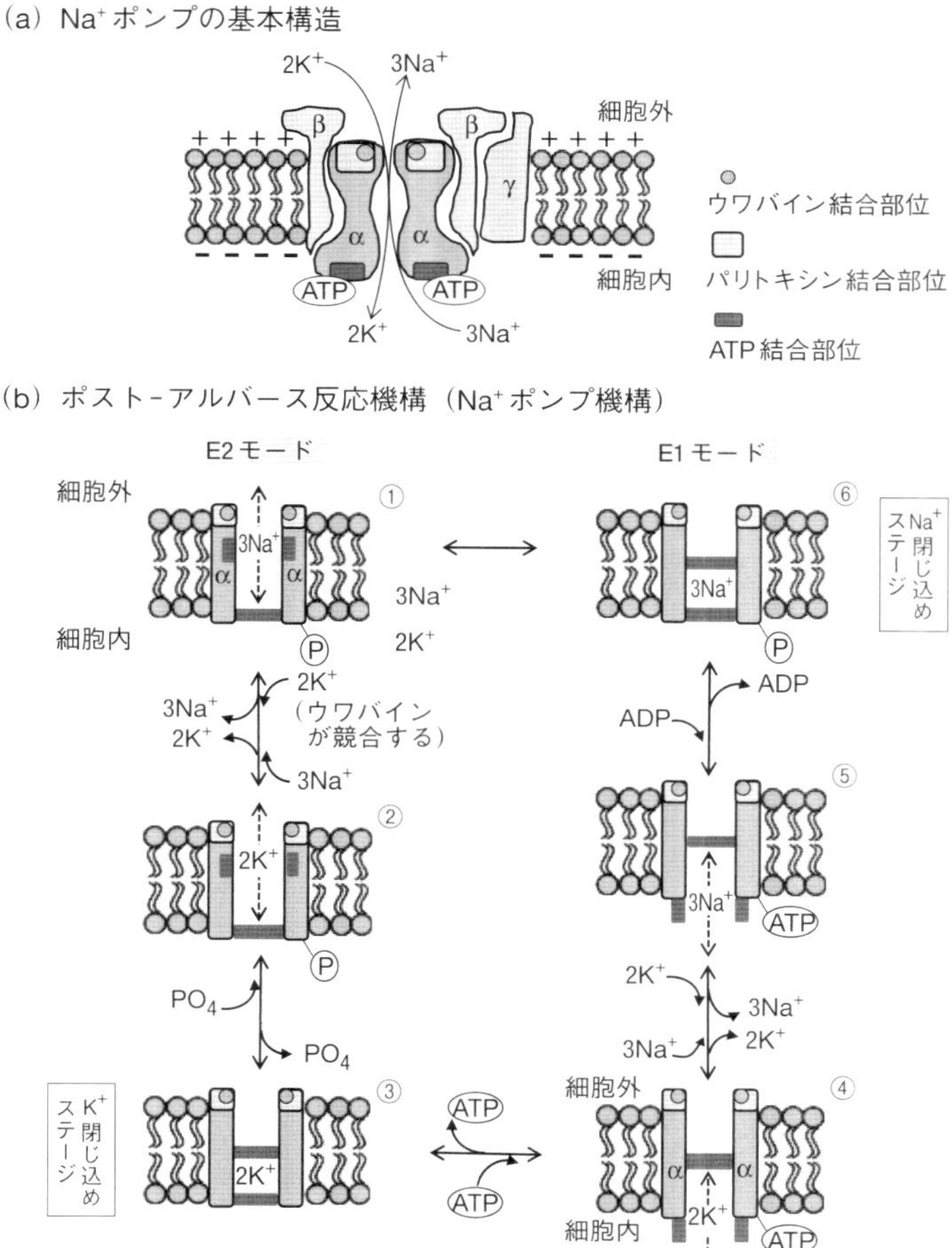

図 4・1　Na⁺ポンプ（Na⁺, K⁺-ATP アーゼ）の基本構造（a）とポンプ機能モデル（b）　(a) Na⁺ポンプ（Na⁺, K⁺-ATP アーゼ）は，ウワバインと ATP 結合部位をもつイオンを通過させるポアを形成する α サブユニットと β ならびに γ サブユニットから構成されます．(b) ポスト博士とアルバース博士による Na⁺ポンプにおけるポスト-アルバース反応機構モデル（説明は本文参照）．

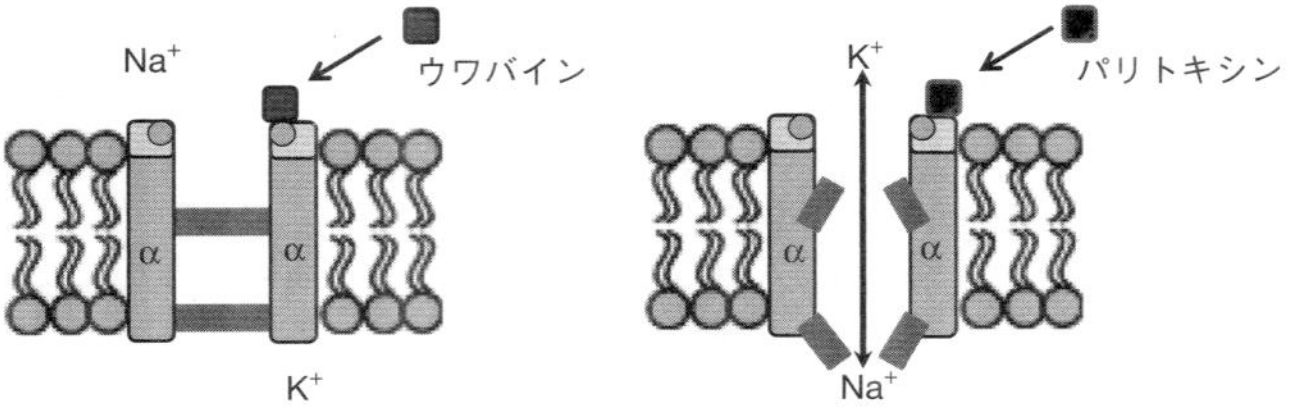

図4・2　ウワバインとパリトキシンのNa^+ポンプへの作用機序　ウワバインはE2モードにおいて細胞外のK^+と競合してαサブユニットに結合し，Na^+ポンプを止めてしまいます．パリトキシンはウワバインとはオーバーラップするが異なる作用部位に結合し（推定），ポンプ機能を消失させ，一価の陽イオンチャネル機能をもつようになり，Na^+とK^+を細胞内外の濃度勾配に従って自由に通過させるようになります．

証明することに焦点があてられ、Na^+ポンプをもたない酵母*Saccharomyces cerevisiae*にヒトのNa^+ポンプ（α、βサブユニット）を強制発現させた実験系による研究が始まりました。結果として、パリトキシンはNa^+ポンプに対して実に解離定数K_d値二〇ピコモルというきわめて高い親和性をもって結合し、Na^+ポンプを強制発現しない酵母細胞にはまったく結合しないことが直接証明されたのです。

Na^+ポンプの反応機構はポスト-アルバース反応機構とよばれるモデルでよく説明されます（図4・1b）。詳細は他書に譲りますが、αサブユニットはNa^+やATPに親和性の高い（結合しやすい）E1モードとK^+やウワバインに親和性の高いE2モードという二つのコンホメーションをとります。E1モードではATPからのエネルギーを用いて一時的に3Na^+を取込み（Na^+閉じ込めステージ）、E2モードとなって細胞外にNa^+を放出します。E2モードでは細胞外のK^+と親和性が高いので2K^+を一時的に取込み（K^+閉じ込めステージ）、E1モードとなる際に2K^+を細胞内に放出しATPを獲得します。ウワバインはE2モードでのK^+のαサブユニットへの取込みと競合して、αサブユニットに結合してポンプ機能を止めてしまいます。これに対して、パリトキシンはαサブユニットにウワバインとは異なる部位（一部はオーバーラップする）に結合し、Na^+とK^+の各閉じ込めステージをなくしてしまい、常に非選択的に一価の陽イオンを透過させるまったく異なるイオンチャネル機能をもつことがわかってきました（図4・2）。

研究試薬や創薬のリード化合物としてのパリトキシン

以上、パリトキシンの生理活性作用と生体での標的分子解明の道筋についてウワバインと対比させて話を進めてきましたが、パリトキシンのNa^+ポンプに対する分子レベルでの研究はまだ進行途中といえます。今後、パリトキシンのどの化学構造がNa^+ポンプを一価の陽イオンチャネルへと変えてしまうのか、パリトキシンのαサブユニットにおける詳細な結合部位の同定とウワバイン結合部位との比較、さらには、パリトキシン-αサブユニット複合体とウワバイン-αサブユニット複合体の結晶タンパク質構造解析などを通して、パリトキシンのNa^+ポンプにおける新たなチャネル機能形成の分子機構が解明されることにより、Na^+ポンプの機能解析研究や新たな医薬品創製の基盤構築が期待されます。

第5章　抗腫瘍性物質ハリコンドリン類

山本敏弘

海洋から得られた医薬品リード化合物——ハリコンドリンB

本章では、海洋から得られた抗腫瘍性物質であるハリコンドリン類を紹介します。八種類存在するハリコンドリン類のなかで最強の抗腫瘍活性（がんをやっつけうる能力）を示した**ハリコンドリンB**の構造式を図５・１に示しました。これは、次章に記載がある「抗がん剤エリブリン」開発につながった**リード化合物**です。リード化合物とはその化学構造が、医薬品開発において有効性あるいは選択性などを指標にして改良を加え、よりよいものに変換していくための出発点となる化合物であり、「リード」とは最終製品を導き出すという意味です。

この構造式においてOは酸素、Hは水素に対応します。これら以外の主骨格として1位→5位→10位→…→50位→54位まで実線でつながっているのが54の炭素原子の鎖（炭素鎖）です。炭素鎖に関しては炭素原子の記号であるCは使用せずに、このように記載するのが通例となっています。なお、太線および点線は平面構造に加えて立体構造までも表すものです。

Ｃ8位からC14位で示した三個の環が合わさった複雑な部分構造（有機化学において三はトリ、環状はシクロなので以降はトリシクロ環とよぶことにします）を中心として、円弧で囲った構造式の右

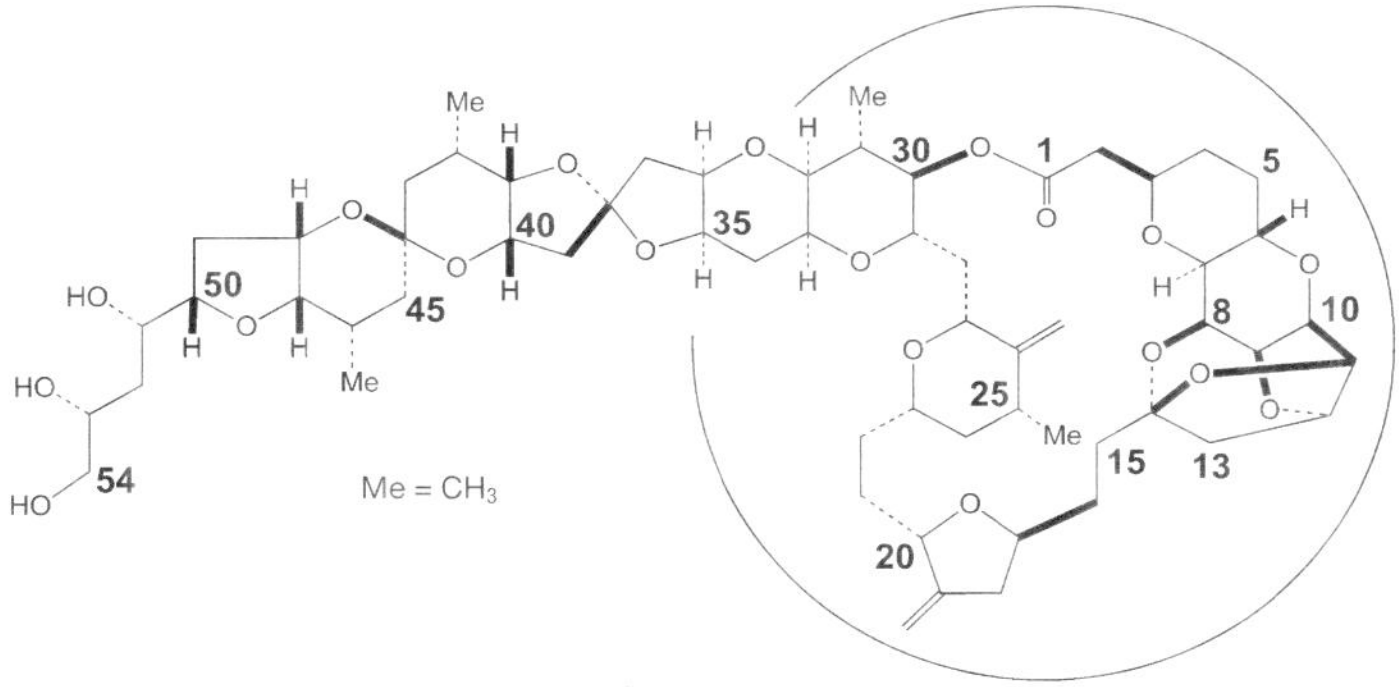

図5・1　ハリコンドリンBの構造

側半分（1位から35位あたりまで）が抗腫瘍活性に重要な部分です。後述するノルハリコンドリンA、すなわちハリコンドリン類のなかで最も収量が多かったものを誘導体化してそのX線結晶構造解析が突破口になってハリコンドリンBの構造が明らかとなりました。全構造を初めて知ったときの大きな感動、深い感銘は今でも鮮明に覚えています。

ハリコンドリン類の分離と精製

複雑な構造をもつ天然物の構造決定において最も重要な工程は、さまざまな精製手段を組合わせることによって高純度な化合物を単離することです。構造決定のために行う各種スペクトルデータの解析において、不純物を含んだ状態では構造を特定するための正確な情報を得るのが難しいからです。神奈川県三浦半島などの潮間帯（俗に潮だまりとよばれ、潮の満干によって海面との位置関係が変わる場所）に生息するクロイソカイメン六〇〇キログラムからの微量生物活性物質であるハリコンドリン類の分離と精製には膨大な月日を費やしましたが、高純度な化合物を単離したことによって構造決定に向けて大きく前進しました。

図５・２にクロイソカイメンの写真を示しました。海綿は日にトン単位の海水を体内に汲み入れ共生微生物を住まわせて生活しています。オーストラリアの海洋微生物学者であるウィルキンソン（Wilkinson）博士による「海綿のからだを調べてみると、それ自身の細胞はからだの容積の二〇パーセントほどしかないのに、からだに住みついている細菌は容積にして四〇パーセントにも達していた」という報告も参考にして、海洋共生微生物の濃縮体である海綿の生物活性物質を探索することを検討しました。その結果得られた一連の化合物は、クロイソカイメンの学名である *Halichondria okadai* からハリコンドリンと命名されました。

八種のハリコンドリン類の構造

つづいて、八種のハリコンドリン類の構造と物性データを図５・３に示しました。同族体間の構造の変化は、構造式左側の末端部分の50位以降、および右下部分のトリシクロ環部分の12位および13位にみられます。

まず、54の炭素鎖をもつ（C54）ハリコンドリンBを基準にして炭素鎖が一個少ない53の同族体をノルハリコンドリンに、一方炭素鎖が一個多い55の同族体をホモハリコンドリンにそれぞれ分類しました。また12位および13位に関しては、いずれにもヒドロキシ基（ＯＨ）が結合したA、いずれにもＯＨが結合していないB、12位にのみＯＨが結合したCシリーズに分類しました。

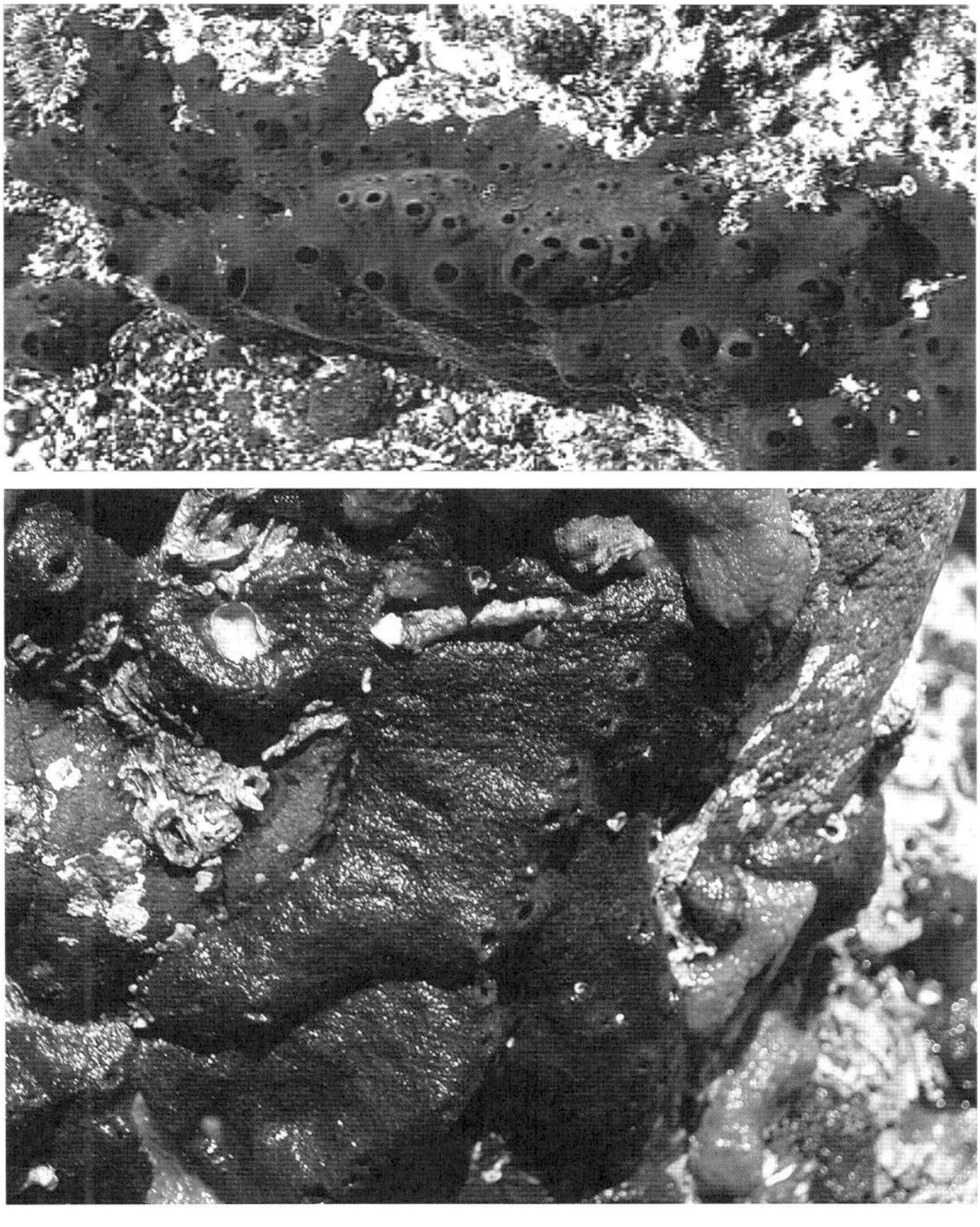

図５・２　潮間帯に生息するクロイソカイメン ***Halichondria okadai***

図5・3のおのおの化合物名末尾の山括弧〈 〉内に示した数字は、これらの八種の化合物の分子量です。それぞれの同族体において左側の末端部分も共通の構造をもち、炭素鎖が同じである同族体ごとの相違点はトリシクロ環部分のヒドロキシ基の数のみです。水素Hの代わりにヒドロキシ基OHが結合すると、酸素Oの質量数に相当する一六だけ分子量が増加します。OHが二個増えると一六の二倍である三二だけ分子量が増加します。一六および三二の差はこれらの構造変化に対応したものです。

図5・3のおのおの化合物名末尾直前の角括弧［ ］内に示した数字は、これらの八種の化合物に関して同一条件下（順相）での薄層クロマトグラフィー（TLC）分析を実施したときのR_f値（高性能シリカゲルプレート、展開溶媒 メタノール－ベンゼン（20対80））です。R_f値とは、展開溶媒の原点から最高点までの移動距離を一とした場合の、分析対象物質の移動割合を示すものです。R_f値が〇・五〇であるハリコンドリンBはスポットした原点と展開溶媒の最高点のちょうどまん中まで移動します。一方R_f値が〇・一七であるノルハリコンドリンAはハリコンドリンBの三分の一程度までしか移動しません。これは、ノルハリコンドリンAのみに存在するカルボキシ基（COOH）の影響です。ハリコンドリン類の構造相違点を明らかにするうえで、極性のあるカルボキシ基の有無や重要なヒドロキシ基の数の違いを矛盾なく説明するこれらのR_f値もまた構造解明のための手がかりとなりました。

なお、TLC分析において目的物を検出するための発色剤としてアニスアルデヒド－硫酸系（青色や緑色をはじめ、カラフルな色を出すことが知られています）を用いるとハリコンドリン類は直ちに

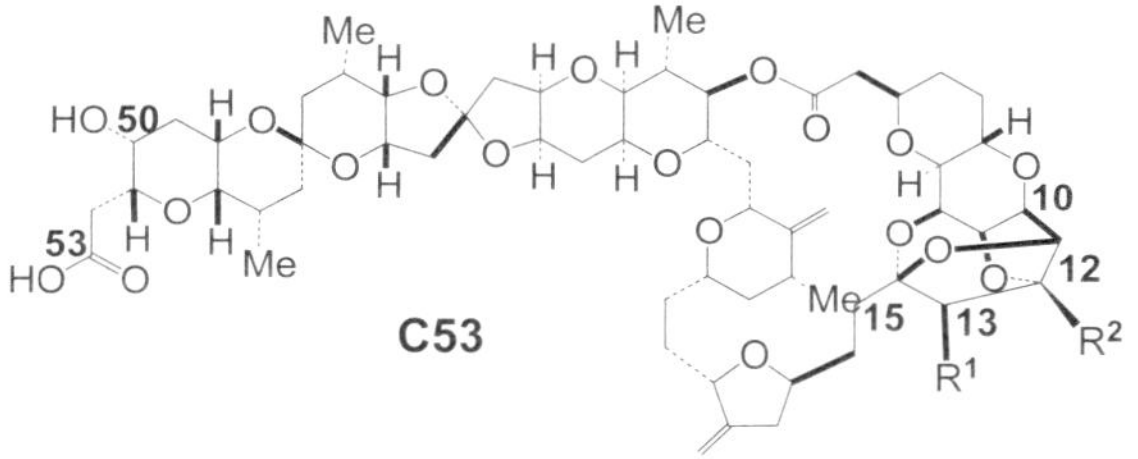

ノルハリコンドリンA: R^1, R^2 = OH　[0.17] <1126>
ノルハリコンドリンB: R^1, R^2 = H　[0.35] <1094>
ノルハリコンドリンC: R^1 = H, R^2 = OH　[0.28] <1110>

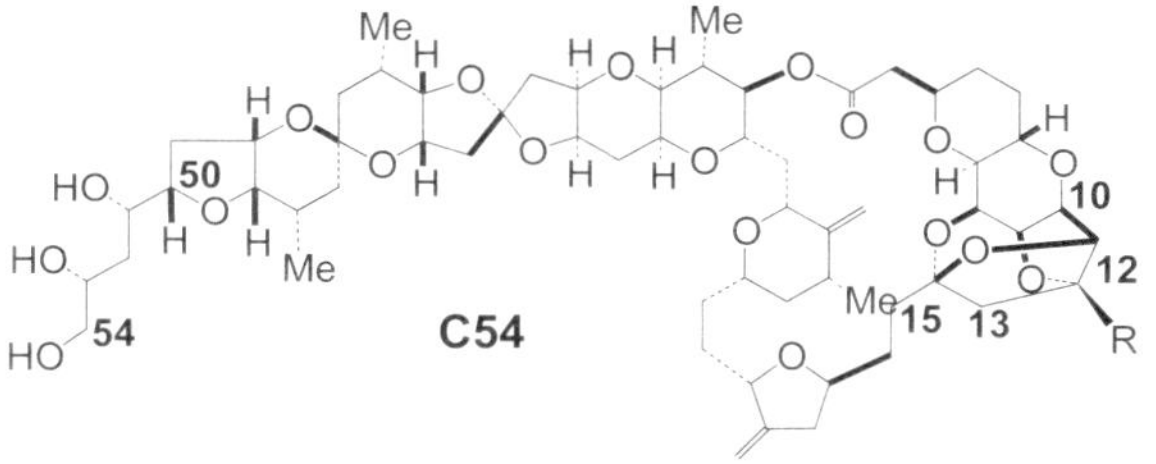

ハリコンドリンB: R = H　[0.50] <1110>
ハリコンドリンC: R = OH　[0.35] <1126>

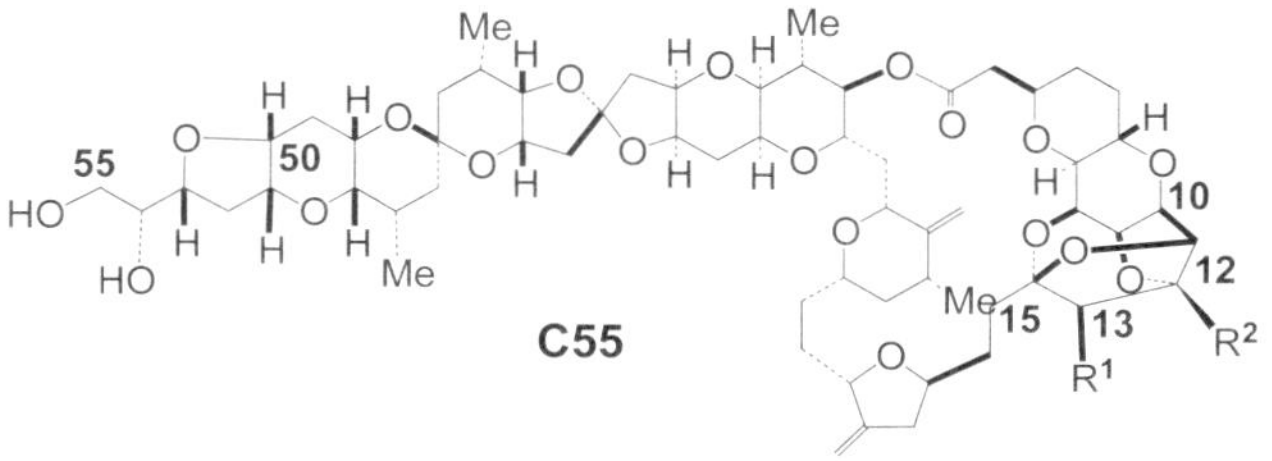

ホモハリコンドリンA: R^1, R^2 = OH　[0.32] <1154>
ホモハリコンドリンB: R^1, R^2 = H　[0.52] <1122>
ホモハリコンドリンC: R^1 = H, R^2 = OH　[0.38] <1138>

図5・3　8種のハリコンドリン類の構造　〈　〉内は分子量，［　］内は薄層クロマトグラフィーにおけるR_f値（詳しくは本文参照）．

茶色に発色します。一方、ハリコンドリン類の分離・精製において最終段階近くまで混在し、R_f値が近かった既知化合物としてオカダ酸がありました。生体内における脱リン酸などに関与するオカダ酸はこの分析系において一瞬赤色に発色しますが、さらに加熱を続けるとハリコンドリン類と同じ茶色に変化します。漫然としていて一瞬赤色に変化するのを見逃すのではなく、発色時に集中することでハリコンドリン類とオカダ酸の識別を的確に行いました。その結果、精製に用いたおのおのの試験管サンプルの中から不要物が入っているものを除外することができ、最終的に高純度な化合物を単離することに成功しました。

かなり専門的なこともあり詳細は割愛しますが、上述したTLC分析による純度確認なども経て、八種のハリコンドリン類を単離することに成功しました。冒頭でも記載したようにハリコンドリン類のなかで最も収量が多かったノルハリコンドリンAは、六〇〇キログラムのクロイソカイメンから三五・〇ミリグラム得られました。そのカルボキシシ基を利用してp-ブロモフェナシルエステルに変換しました。この誘導体のX線結晶構造解析が突破口になってハリコンドリンBの構造が明らかとなりました。ハリコンドリンBはわずか一二・五ミリグラムしか得られなかったのですが、構造決定に成功したわけです。

研究に必要な3Gと高分解能FT-NMR

かつてドイツでは研究には3G（Geld・Gemeinschaft・Gesellschaft）が必要であるといわれていたことがあります。ゲルトは「金」、すなわち「研究費」です。また、ゲマインシャフトは「家族」あるいは「(友情から転じて) 仲間」などを意味するので自己流ですが「指導者を含む研究室の人々」に意訳します。一方（利益）社会と直訳されるゲゼルシャフトは「共同研究者をはじめとする、外部の研究機関の人々」に意訳できるのではないかと考えます。地方の国立大学の研究室、その黎明期に所属したこともあって、どちらかといえば一つめのGを潤沢に使用することは難しかったわけですが、二つめのGに関しては先輩・師匠・大師匠（師匠の師匠）に本当に恵まれました。

一方、当時の研究室にあったのは、旧式（CW型）であるがために積算しての測定ができず、また低分解能である九〇メガヘルツのNMR装置でした。微量成分のハリコンドリン類の測定には積算が可能でかつ、高分解能であるNMR装置での測定が圧倒的に有利でした。三つめのGと自己流で意訳した外部の研究機関における三六〇メガヘルツあるいは四〇〇メガヘルツのFT－NMR装置での測定がおおいに役立ちました。積算が可能、かつ分解能が四倍もしくはそれ以上に向上した測定からは多くの情報が得られました。

その結果、最初に構造決定されたノルハリコンドリンAおよびハリコンドリンBに続いて、両者との各種スペクトルデータを比較することによってこれらよりもさらに微量成分であるその他のハリコンドリン類に関してもすべて構造を決定することができました。

おわりに

以上のようにして、強力な抗腫瘍活性をもつハリコンドリン類の単離および構造決定が達成されました。これは、次章に記載がある「抗がん剤エリブリン」開発につながる大きな成果となりました。

海洋から得られた医薬品リード化合物が世の中に役立ったことを実感しつつも、現状は身内も含めて多くの人々が闘病生活を送る日々です。この国の将来を担う若者たちに「天然物の化学」の大きな魅力が伝わり、この分野がさらに発展していくことを切望しています。

参考文献

佐藤健太郎、「天然物から医薬へ ―― ハリコンドリン24年目のテイクオフ」、『現代化学』、No. 463, 10月号, p.15 (2009).

第6章　ハリコンドリンから抗がん剤エリブリンを開発

田上克也

本章では、ハリコンドリンBから**エリブリン**発見までの歴史を振り返るとともに、史上最も複雑な合成医薬品といわれるエリブリンの工業化研究の苦労話について紹介します。

天然物ハリコンドリンB

ハリコンドリンBは、非常に強力な殺細胞作用とマウスにおける強力な抗腫瘍活性を示す天然物です。そのメカニズムは、細胞分裂の際に重要な役割を果たす微小管に作用して有糸分裂を阻害するものでしたが、微小管との相互作用は他の薬剤とは異なるものでした。この強力かつユニークな活性に着目した米国国立がん研究所（ＮＣＩ）は、一九九二年にハリコンドリンBを化学療法剤の有力な候補品として選択しました。しかし、天然から得られるハリコンドリンBがあまりに微量であったため、研究を推進できる物量を確保できず、プロジェクトは頓挫の危機に瀕していました。

合成ハリコンドリンBと右半分誘導体

化学の研究分野の一つに**有機合成化学**という分野があります。これは、さまざまな化学反応の開発

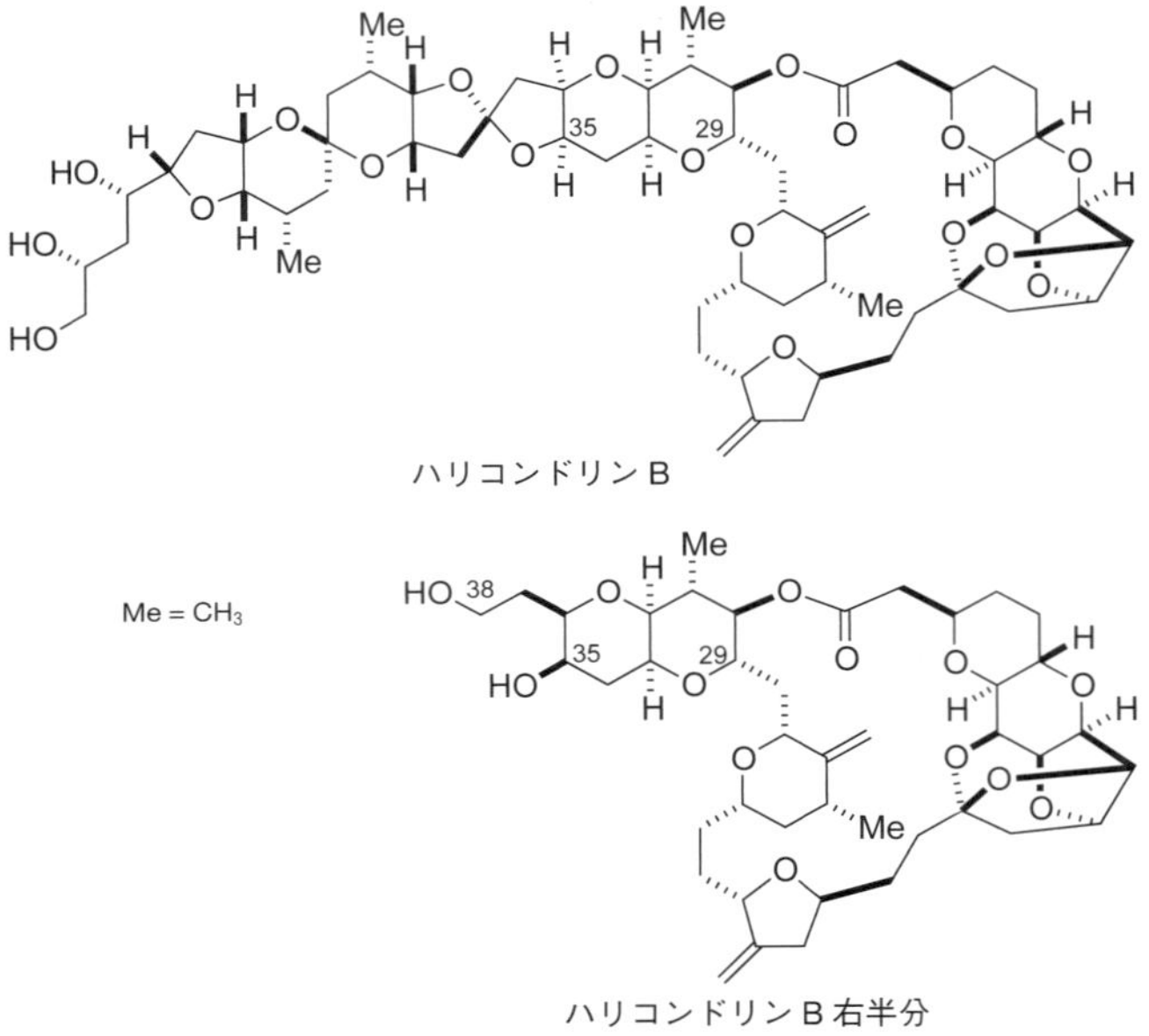

図6・1　ハリコンドリンBと右半分誘導体

や、それらを用いて人工的に有機化合物を合成することをいいますが、さらにそのなかに、**全合成**研究という分野があります。これは、天然物のような複雑な化合物を人工的に合成しようというものです。登山家が難攻不落の山頂を目指すのと同様に、全合成研究者はより複雑な天然物の合成を目指します。ハリコンドリンBの複雑かつ美しい構造は、世界中の研究者の目を引きつけ、初登頂を目指した競争が繰り広げられていました。そして、一九九二年岸 義人（ハーバード大学）らは、世界で初めてハリコンドリンBの全合成に成功しました。この合成には、彼らがパリトキシンの全合成の過程で開発した**NHK**（Nozaki–Hiyama–Kishi）

反応（後述）が駆使されていました。全合成の成功は、天然からの供給の可能性が途絶えたハリコンドリンBに再び開発への門戸を開くことになりました。エーザイボストン研究所（当時）において活性評価を行ったところ、驚くべきことに、岸らの合成中間体から誘導されたハリコンドリンBの右半分（図６・１）だけで、ハリコンドリンBに匹敵する殺細胞作用を示しました。

新規抗がん剤エリブリン

より単純な構造である右半分の活性発見を機に、エーザイではハリコンドリンBをシードとした新規抗がん剤の探索がスタートしました。しかし、天然物と同等の殺細胞作用を示した右半分でしたが、そこには乗り越えなければならない大きな壁がありました。それは、この分子がマウスのがん移植モデルにおいてはまったく効果を示さないということでした。試験管の中では作用があるのに、動物では薬効を示さないということはよくあることで、さまざまな要因が考えられましたが、ボストン研究所のチームは、有糸分裂阻害作用の可逆性（容易にもとの状態に戻ってしまうこと）に原因があるとの仮説を立て、細胞を使ってこれを指標にスクリーニングする評価方法（詳細は省略します）を確立しました。通常は、細胞で強い活性を示す化合物を動物モデルでテストすればよいわけですが、これほど複雑な化合物群を評価に十分な量を次々と有機合成で供給することは至難の業であり、そのような極限的状況がこのような発想を生んだのかも知れません。一九九五年可逆性を指標とする評価方法から選び出された化合物のなかに、初めて動物モデルで薬効を示す化合物（ノルグルコ右半分、図６・２）が発見されました。両者を比較すると、構造的な違いはごくわずかであり、これを識別する生体の神秘にはあらためて驚かされます。

とにかく、ハリコンドリンBを単純化した分子で、動物モデルでも抗腫瘍活性が確認できたことは、研究チームを大いに奮い立たせるものであり、新しい抗がん剤の探索研究は一層加速していきました。

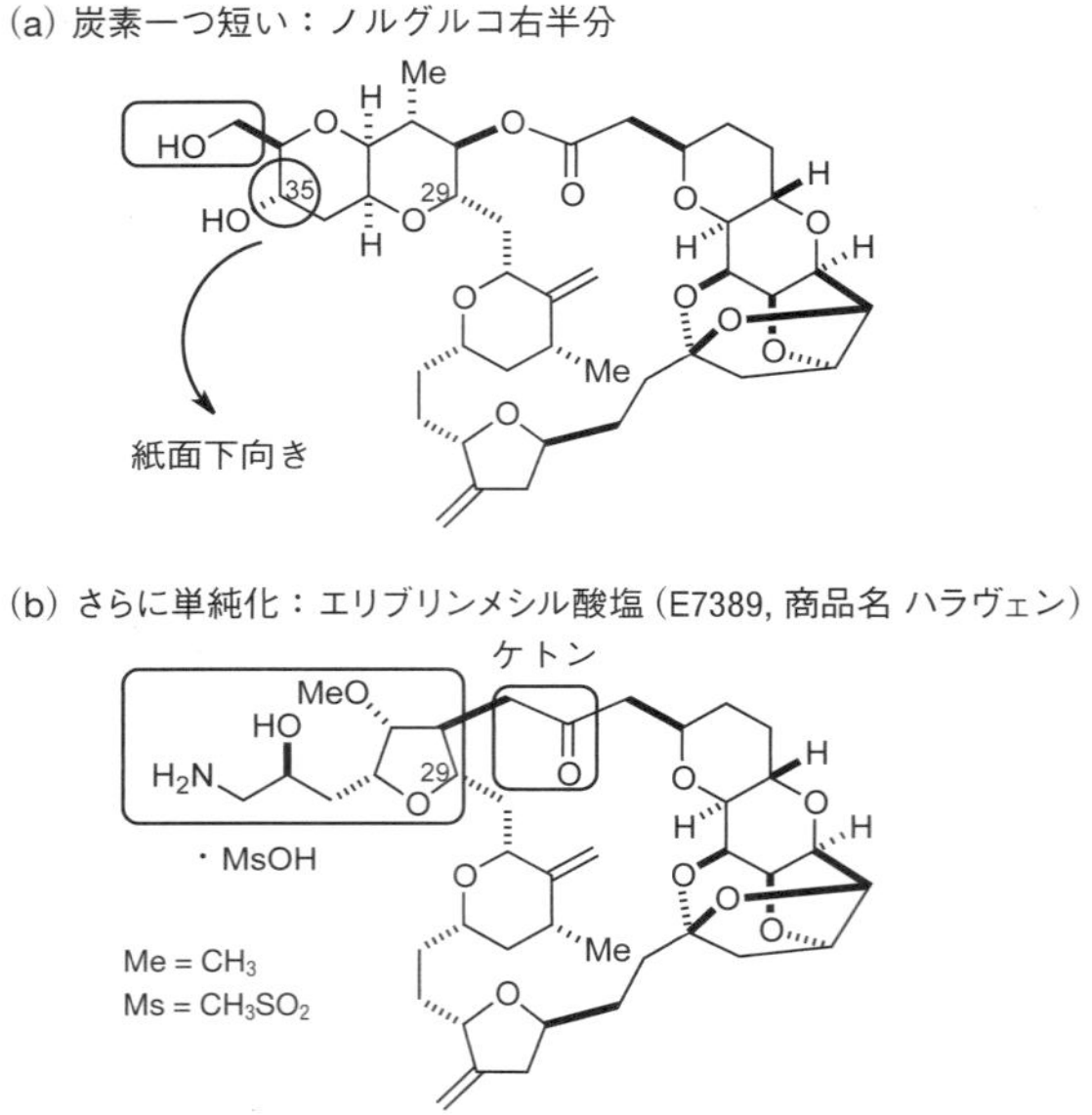

図6・2　ノルグルコ右半分とエリブリンメシル酸塩の構造

そして、一九九三年から一九九九年の間に二〇〇以上もの化合物が全合成され、ついに開発候補化合物であるE7389（後のエリブリン）が合成されました。E7389は、前臨床段階のクライテリア（臨床試験に入る前の動物を用いた薬効・安全性・薬物代謝などの確認）を見事にクリアし、一九九八年に臨床導入化合物として選択され、NCIとの共同研究がスタートしました。二〇〇二年にNCIの第I相臨床試験開始、二〇〇三年からエーザイの第I相試験、二〇〇四年第II相、二〇〇六年第III相と順調に臨床試験が進展し、二〇一〇年一一月米国食品医薬品局（ＦＤＡ）より「アントラサイクリン系およびタキサン系抗がん剤を含む少なくとも二種類のがん化学療法による前治療歴のある転移性乳がん」治療剤として承認を受けました。その後、ＥＵ諸国、日本を含め世界六〇カ国（二〇一五年一二月現在）において乳がんと闘う患者に貢献しています。

エリブリン合成の工業化研究

順調に進展するエリブリンの臨床開発の一方で、死にものぐるいで奮闘するグループがありました。それは、エリブリンの工業化研究を行い、医薬品として恒常的品質で安定的に供給していく筆者らのグループでした。医薬品の化学構造は複雑化の一途をたどっていますが、エリブリンの構造は、化学合成で製造する化合物としては驚愕に値する複雑さでした。エリブリンは、全部で六四工程の化学反応によってその複雑な構造を構築していくわけですが、これらのなかには非常に繊細で難しい反応工程がたくさん存在します。有機合成で化合物を合成していく際には、通常反応性の低い分子の炭素原子同士を、何らかの方法で活性化させて結合させてさらに大きな分子を構築していく過程が不可欠です。このような結合を形成していく反応を**カップリング反応**とよび、活性化には触媒が使われます。最初に述べたＮＨＫ反応もこのカップリング反応の一つで、触媒はニッケルとクロムです。ＮＨＫ反応のメリットは、ねらった炭素同士が選択的に結合できる点です。化合物は官能基とよばれる比較的反応性に富む部分をもっていることが多いのですが、ＮＨＫ反応では他の官能基には目もくれず、アルデヒドという官能基だけにビニルという炭素を結合できます（図６・３）。ＮＨＫ反応のこの性質

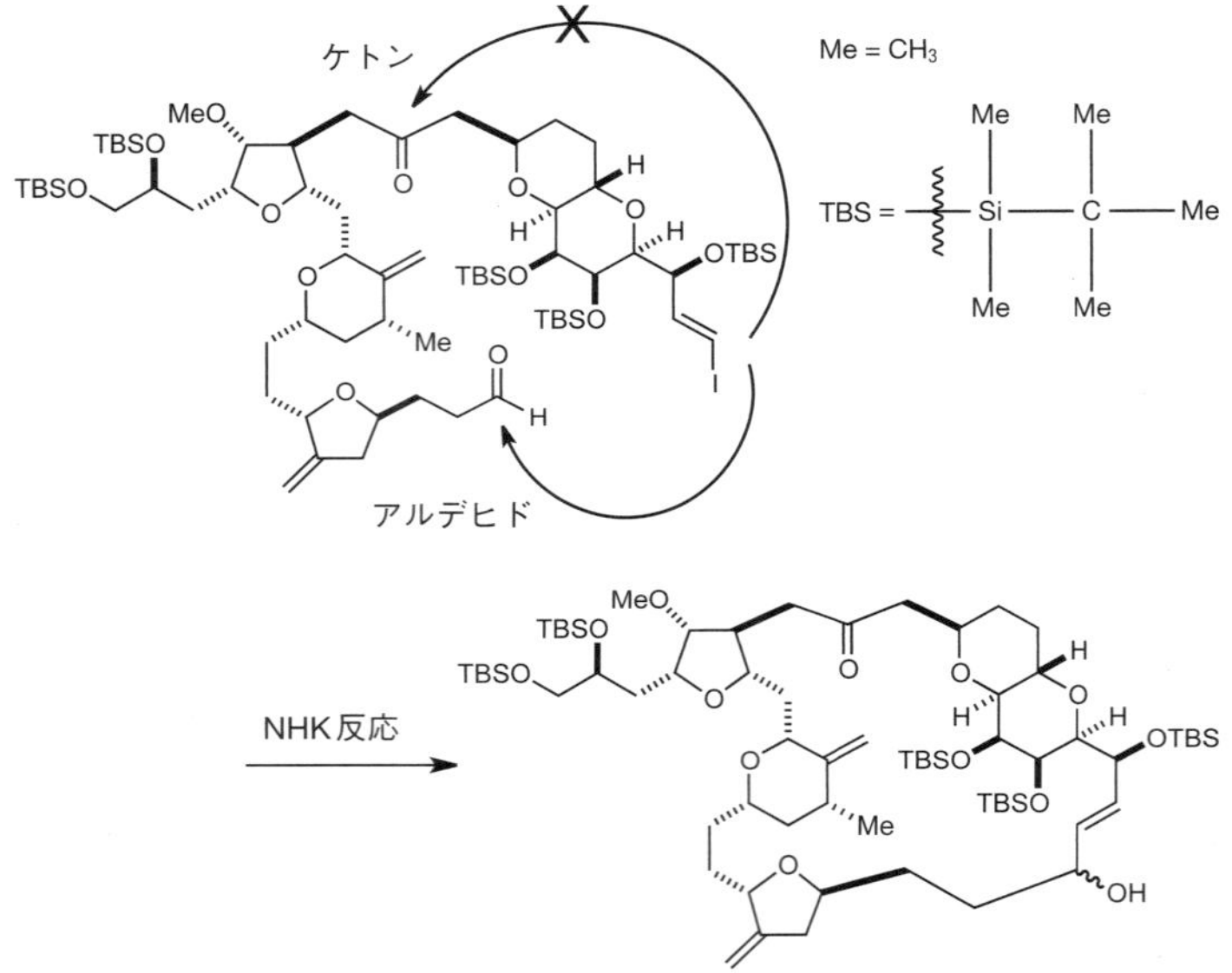

図6・3　NHK反応の一例　通常ケトンとアルデヒドは似たような反応性を示すが，NHK反応ではアルデヒドのみ反応する．

は、複雑な化合物（通常多くの官能基をもっています）の合成に威力を発揮し、特にハリコンドリンやエリブリンでは不可欠なものでした。

つまり、エリブリンの工業化を成功させるためには、このNHK反応の工業化は避けては通れない道でした。しかしながら、NHK反応は工業化の前例はなく、また触媒の取扱いが難しく、わずかな不具合でもまったく反応しなくなるわけです。空気や湿気は禁物です。性質のいいニッケルとクロムを使い、最適な温度と時間をかけることで初めて目的とするカップリングが成功するわけです。言葉にすると簡単ですが、そのような最適条件を見つけるまでには数々の失敗、実験室とプラントを不夜城にするほどの眠れぬ日々を費やすことも珍しくはありませんでした。研究の途中に良好な臨床試験の結果がフィードバックされることは喜びである反面、大きなプレッシャーでもありました。しかし、供給責任をもつ自分たちの存在意義や何よりも患者への貢献を実感できるものでありました。

このような苦労の果てに、初めて工業的スケールでエリブリンの製造を成功させ、その真っ白な粉末をみたときの感動は今でも忘れられない喜びでした。

おわりに

天然からのすばらしい贈り物であるハリコンドリンBは、天然の力のみでは医薬品にはなりえませんでした。全合成という人工的な力との融合によって初めてエリブリンとして具現化し、医薬品として実用化されました。これも天然物化学の醍醐味の一つであると思います。

今後もエリブリンが世界中の乳がん患者に貢献できることを願っています。

参考文献

田上克也、吉松賢太郎、「海洋天然物ハリコンドリンBをシードとする新規抗がん剤エリブリンの開発」、『CSJカレントレビュー19 生物活性分子のケミカルバイオロジー』、パートⅡ、14章、化学同人（二〇一五）。

第７章　巨大海洋分子の魅力

北　将樹

微細藻類の有用性

最近、「藻（そう）バイオ」ビジネスが注目されているのをご存知でしょうか？　砂漠地帯や耕作放棄地などにおいて、**微細藻類**の大量培養を行い、**バイオ燃料**を生産する取組みが世界各国で進められています。バイオ燃料とは、再生可能な生物由来の有機性資源（**バイオマス**）からつくられた燃料のことで、燃焼の際にCO_2（二酸化炭素）を排出しますが、原料作物の成長過程でCO_2が吸収されるため、その排出量は0とカウントされます。工業的にはサトウキビやトウモロコシなどのバイオマスを発酵、蒸留することでエタノールが得られ、これは自動車の代替燃料などにも使われています。このようにバイオ燃料は、温室効果ガスの削減、エネルギーの安全保障、農業・農村の発展などの効果が期待されますが、その反面、原材料である食料価格の急騰につながるなど課題もあります。一方、微細藻類は培養コストが高いものの、一般に食用には適さないため、次世代のバイオ燃料の生産資源として注目されています。

筆者が所属する筑波大学では、高品質な油脂、炭化水素や長鎖脂肪酸などを効率よく生産する微細藻類が発見され、二〇一五年には「藻類バイオマス・エネルギーシステム開発研究センター」が開設されました。バイオベンチャー会社も参画して、藻類から抽出するオイルを加工し、化粧品やサプリメント、家畜飼料などの製品化を目指して、さまざまな取組みが行われています。

このように、微細藻類は単純なバイオマス資源としても有望ですが、実は、海洋生物に特徴的な、分子量一〇〇〇を超える**巨大分子**（繰返し構造をもたず、長い一本の炭素鎖からなるポリオール化合物、ポリエーテル化合物）など、構造や機能がとてもユニークな天然物を生産する種もいます。本章では、特に海洋生物に共生する褐虫藻（かっちゅうそう）が生産する、巨大海洋分子について紹介したいと思います（章末文献１、２）。

渦鞭毛藻、褐虫藻とは

微細藻類の一種である**渦鞭毛藻**（うずべんもうそう）は、細胞表面に特徴的な縦横の溝と、二本の鞭毛をもつ単細胞藻類です。原核生物（細菌）ではなく真核生物の仲間で、さまざまな二次代謝産物を生産するための生合成遺伝子をもっています。たとえば*Heterocapsa*、*Gymnodinium*などの属は神経毒として知られるポリエーテル化合物**ブレベトキシン**や、下痢性貝毒**ディノフィシストキシン**などを産生します。これらの藻類は、赤潮を発生させる原因となり、魚介類を直接死滅させるほか、渦鞭毛藻を捕食した貝類に蓄積されて毒化（食中毒）をひき起こします。

一方で、*Symbiodinium*、*Amphidinium*などの属の渦鞭毛藻は光合成能をもち、熱帯、亜熱帯に生息するさまざまな海洋無脊椎動物（クラゲ、シャコ貝、イソギンチャク、造礁サンゴなど）や原生動物の体内に共生することから、**褐虫藻**ともよばれます。**サンゴ**の共生褐虫藻の光合成により、大量のCO_2

が吸収されることで、広大な珊瑚礁が形成され、豊かな生態系が育まれます。近年、海水温の上昇や捕食生物の異常繁殖、水質汚染、感染菌などの環境悪化に伴い、サンゴの**白化現象**が深刻な問題になっていますが、これは褐虫藻との共生関係が維持できなくなり、サンゴ虫が死滅することがおもな原因とされています。

共生褐虫藻に由来する物質の探索

海洋生態系における共生現象の理解は、貴重な海洋資源の保全につながることから、近年さまざまなアプローチから研究が行われています。たとえば、宿主動物と共生藻との間で働くケミカルコミュニケーション分子の候補として、宿主であるサンゴの**レクチン**（糖結合タンパク質の一種）が共生褐虫藻の表面に結合し、その形態（従属栄養状態⇔自由遊泳状態）に影響するという報告があります。しかし一方で、共生藻に由来する鍵物質については、古くから存在が示唆されているものの、明らかにされていません。このような背景から、筆者らはさまざまな海洋無脊椎動物から約一〇〇種の共生褐虫藻を単離・培養し、生産されるユニークな二次代謝産物の探索を行いました。

さまざまな生体試料エキスの中から目的の活性物質を発見するには、多検体を迅速に、高感度かつ高い再現性で選別すること（**スクリーニング**）が重要です。ポリオール構造をもつ海洋巨大分子は一般にイオン化しやすく、一方でタンパク質や核酸など生体高分子とは溶媒に対する溶解性が大きく異なります。そこで、褐虫藻を含水エタノールで抽出して、マトリックス支援レーザー脱離イオン化・飛行時間型質量分析計（MALDI-TOF MS）で測定したところ、数種の糖脂質やペプチドを除けば、分子量一〇〇〇〜五〇〇〇のイオンピークの多くが望みのポリオール構造をもつ巨大分子に由来し、これらを効率的に検出できることがわかりました。

琉球大学の瀬底（せそこ）研究施設（沖縄県国頭郡本部町）にて採集した、扁形（へんけい）動物ヒラムシ *Amphiscolops* sp. から共生褐虫藻 *Symbiodinium* sp. を単離し、大量培養を行いました（図7・1）。一リットルのフラ

(a)

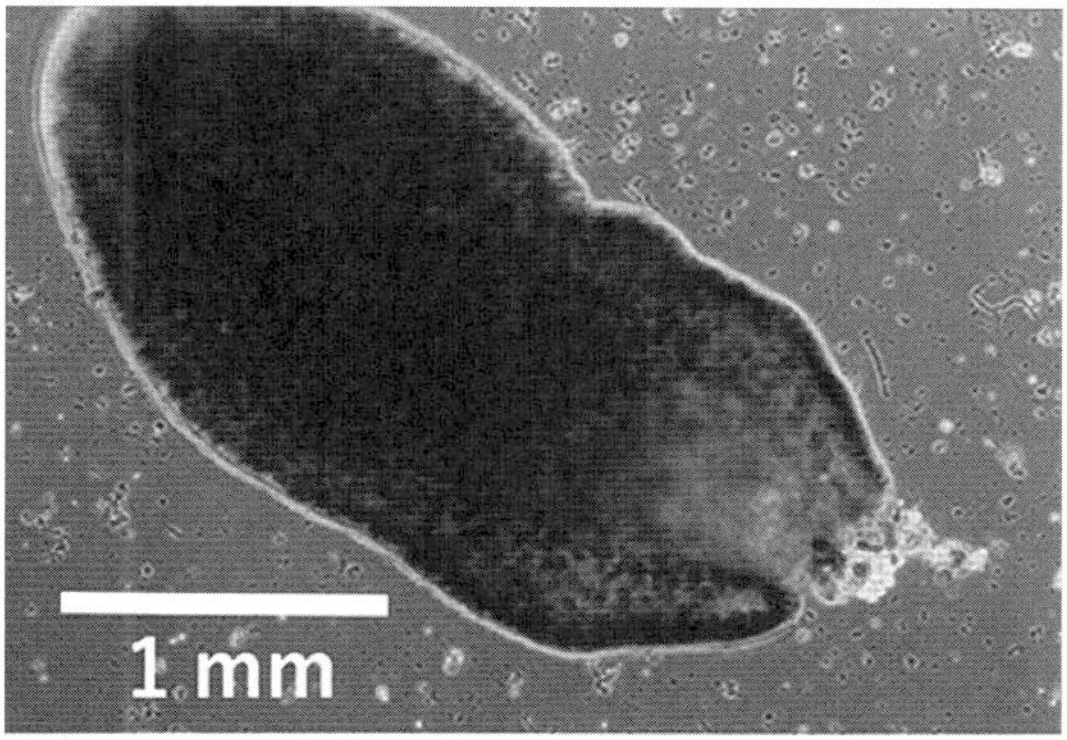

(b)

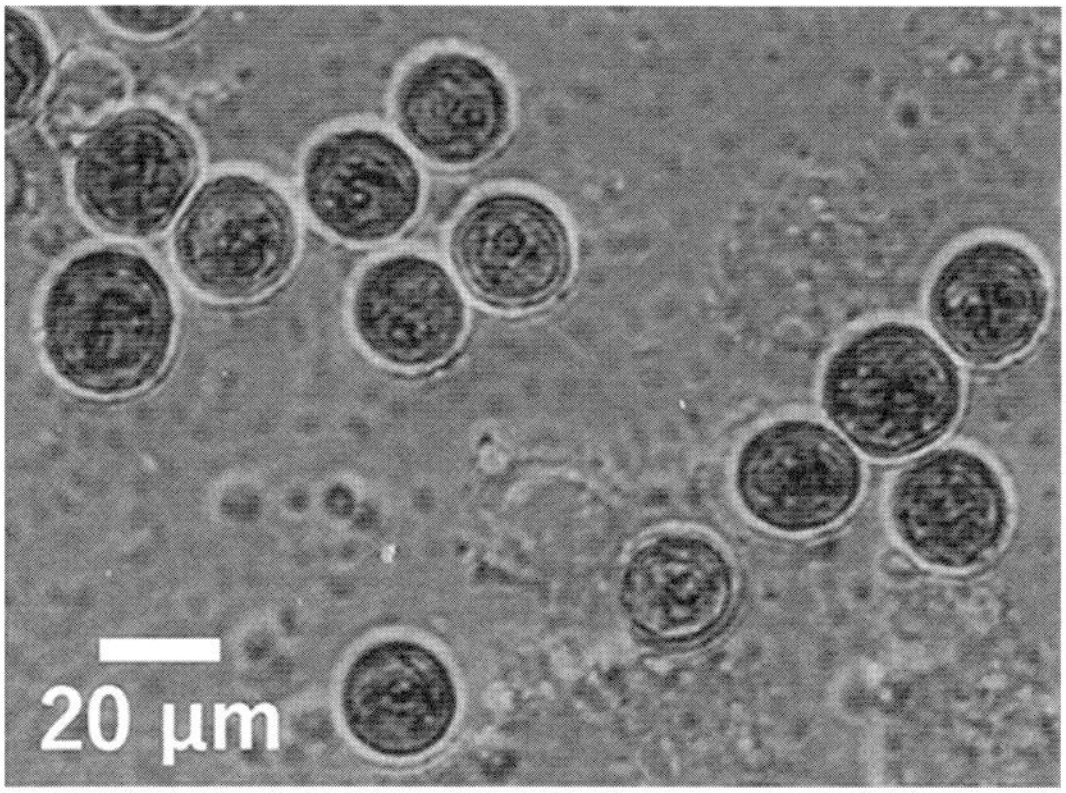

図7・1　扁形動物ヒラムシ *Amphiscolops* sp.（a）と共生褐虫藻 *Symbiodinium* sp.（b）

スコに沪過滅菌した海水と栄養培地、および少量の藻類を加え、多いときには四〇〇本以上、日当たりがよい実験室の窓際に並べて培養したのですが、**細菌**や大腸菌と比べると藻類の増殖ははるかに遅く、十分な量の藻体を得るまでは一～数カ月かかり、大変な作業でした。サンゴなど宿主生物は、なぜいとも簡単に共生藻を体内で増やして光合成の恩恵を受けることができるのか、逆に藻類の方からみると、なぜ宿主動物に消化されずに共生関係をたやすく構築できるのか、あらためて不思議に思います。

得られた藻体を含水エタノールで抽出、液-液分配し、水層を各種カラムクロマトグラフィーにより精製することで、分子量二八五九のポリオール化合物、**シンビオジノライド**を単離しました（図7・2a）。NMR、MSなど各種スペクトルの解析、効率的な分解反応と得られたフラグメントの構造決定、さらには合成化学者の協力も得て、六二員環マクロラクトン構造を含む本化合物の全平面構造と約五分の四の立体配置をこれまでに決定しました。また、種々の生物活性試験を検討した結果、シンビオジノライドはN型Ca^{2+}チャネルの開口活性（アゴニスト作用）や抗HIV活性など、興味深い活性を示すことがわかりました。

また、沖縄県今帰仁（なきじん）村付近の海岸で採集した軟体動物ウミウシの一種、アカボシツバメガイ *Chelidonura* sp.より単離した共生褐虫藻 *Durinskia* sp.からは、分子量二一二八の新規ポリオール化合物、**デュリンスキオールA**を発見しました（図7・2b）。本化合物には六・五・六員環エーテルがスピロ炭素でつながったトリスピロアセタール構造、七員環エーテル構造、二つの糖ユニットなどの特徴的な構造が含まれ、またゼブラフィッシュ幼生に対して形態異常をひき起こすことがわかりまし

(a)

(b)

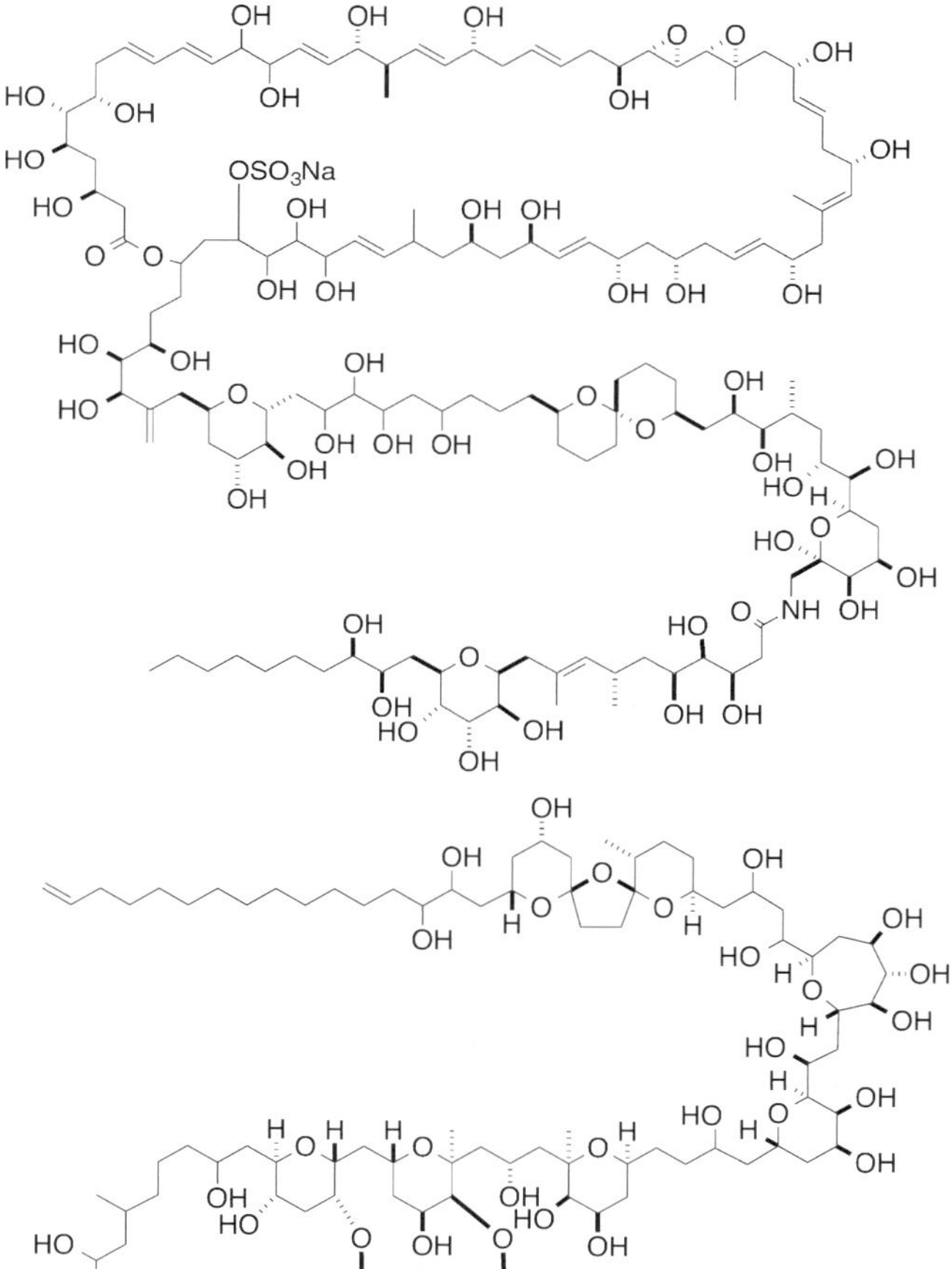

図７・２　共生褐虫藻より単離した巨大分子　(a)シンビオジノライド，(b)デュリンスキオールA.

た。この分子の中央には親水性のポリオールや糖の構造が、また両末端には疎水性の炭素鎖が位置します。この化合物が作用する生体高分子は特定できていませんが、たとえば分子がU字に折れ曲がり、疎水性の末端炭素鎖が生体膜（脂質二重膜）に挿入され、親水性の部分で他の分子と相互作用するのではないか、と予想しています。

巨大海洋分子研究への期待

サンゴ礁をはじめ、重要な海洋環境資源を維持していくことは、生物多様性の観点からも重要です。上述のように、サンゴの白化現象は共生褐虫藻がサンゴから遊離することが引き金になるとされています。よって、このような共生関係を促進・維持する機構を明らかにできれば、人工的な共生関係の構築や、白化現象の改善、宿主動物の色彩や形態の制御、あるいは共生微生物の成長促進などにつながります。褐虫藻由来の巨大分子が、海洋共生関係にどのような役割を果たしているか、今後明らかにしていきたいものです。

参考文献

（1）中村英士、『みどりいし』、**10**, 20 (1999).

（2）北将樹ら、『化学と生物』、**45**, 58 (2007).

第8章　シガトキシン抗体

平間正博

化学（科学）研究も人間が行うものですから、「志」・「時」・「地の利」・「人の和」がうまく働いたときに大きく進展すると思います。ここでは**シガトキシン抗体**開発の経緯を紹介します。

シガトキシンの構造決定

サンゴ礁海域で起こる海産物中毒（シガテラ）の毒素シガトキシンの毒性は、フグ毒テトロドトキシンの約百倍。少なく見積もっても世界で毎年五万人以上が中毒を起こしています。日本でも沖縄を中心にしてときどき発生しますが、最近では関東付近でも起こっています。安元健元東北大学農学部教授がタヒチの研究者と協力して、四トンのウツボからシガトキシンCTX1Bを〇・三五ミリグラム単離し一九九一年に分子構造を決定しました（図8・1）。そして、シガトキシンをつくるのは魚ではなく、プランクトンの一種の渦鞭毛藻（うずべんもうそう）であり、食物連鎖で肉食魚（図8・2）に蓄積されることも明らかにしました。シガトキシンは多種類の魚に含まれ、肝臓以外の筋肉にも蓄積します。したがって、魚肉を食べても中毒を起こします。無味無臭で、煮ても焼いても壊れません。しかし、一匹の魚に含まれる毒の総量が少ないので、幸い致死量には至らないのです。症状的には下痢や嘔吐から始ま

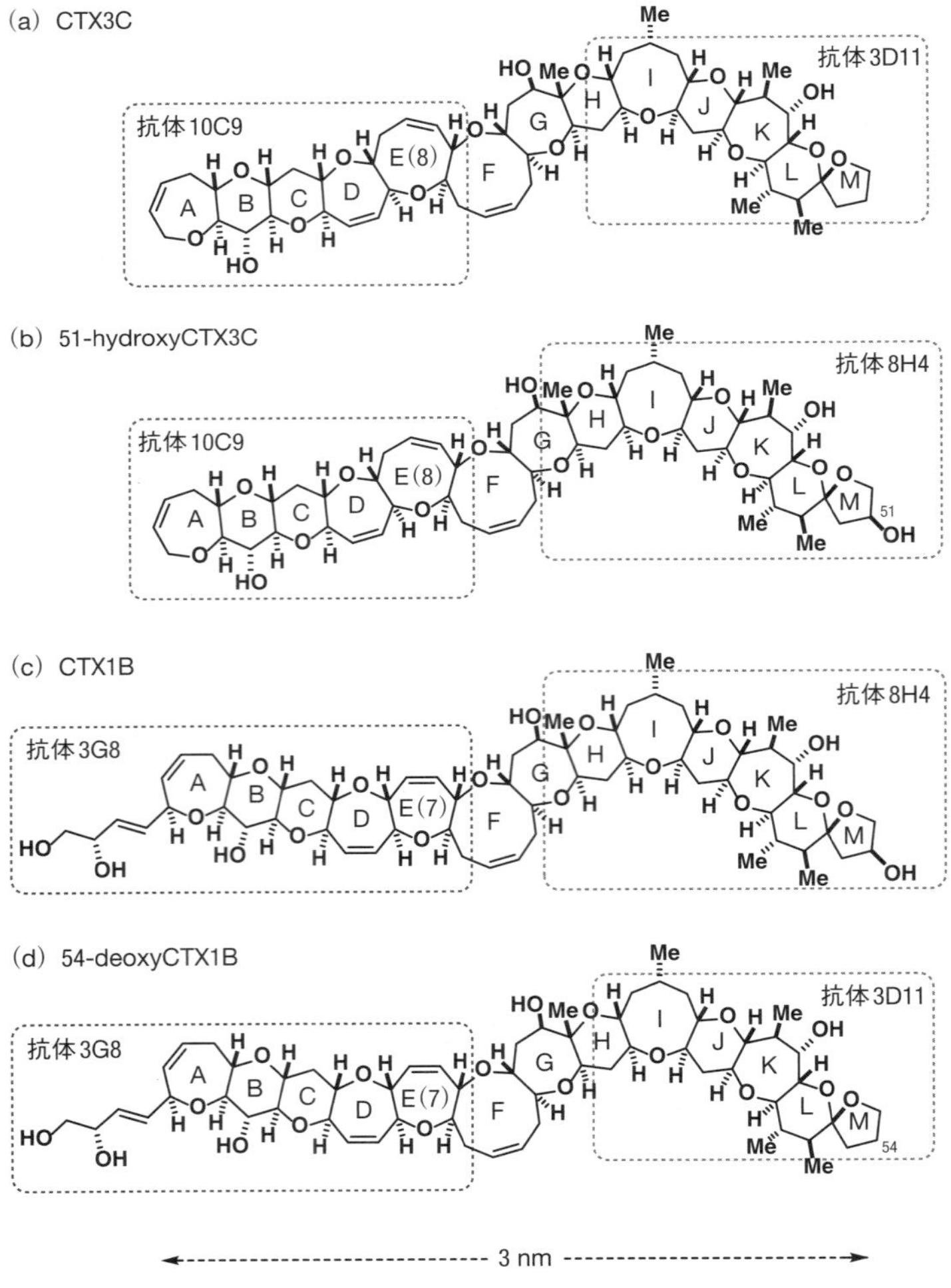

図8・1　シガトキシン類(a)〜(d)と各モノクローナル抗体に対応する抗原部位（Me = CH_3）

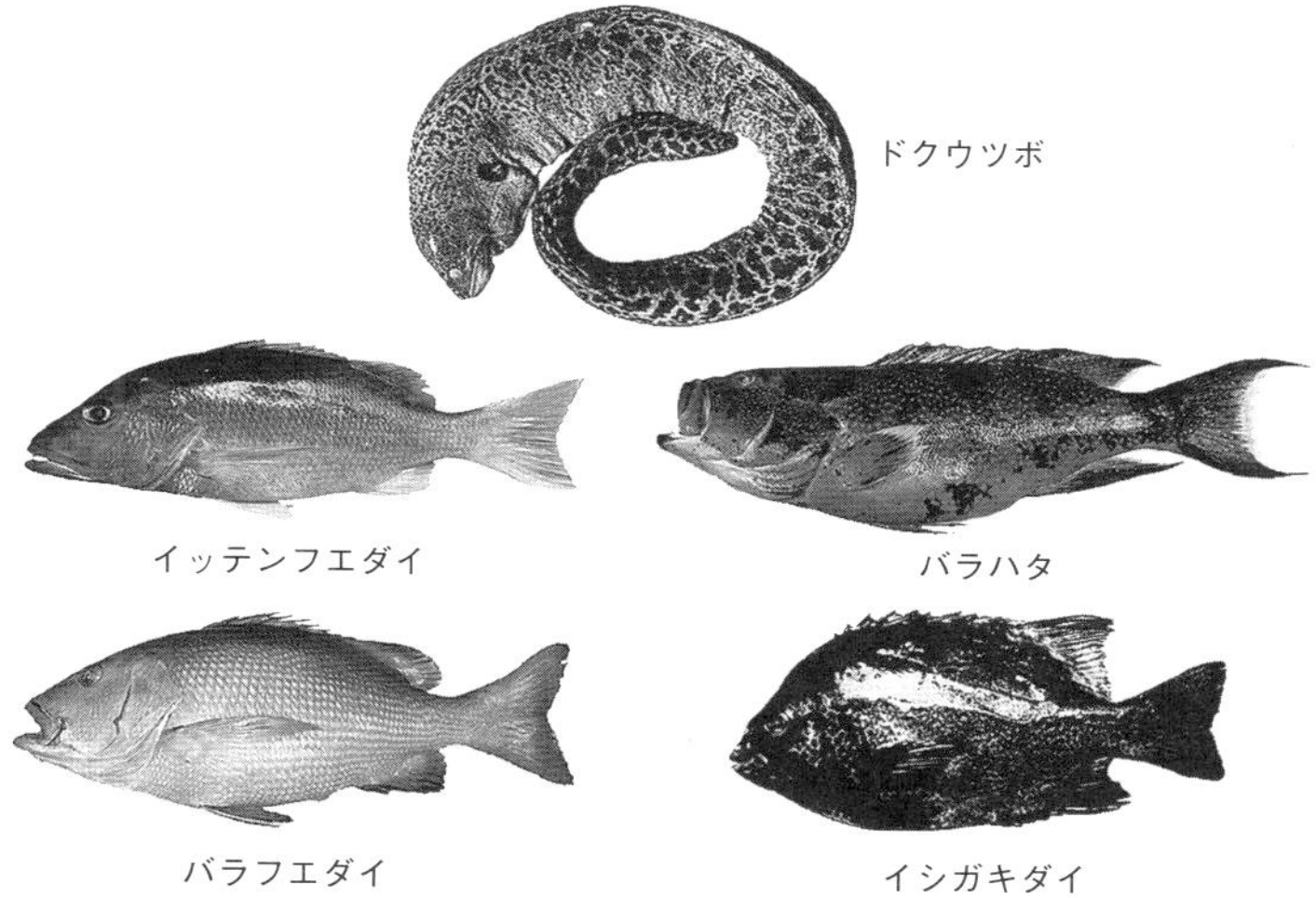

図８・２　シガテラ中毒を起こす代表的な魚

り、心拍数や血圧の低下、しびれ、めまいや極度の倦怠感を起こし、温度感覚もおかしくなります。冷たいものに触るとドライアイスに触ったような痛さ、電気ショックを受けたような衝撃を受けるといいます。人によっては、このドライアイスセンセーションが数カ月から一年以上もつづきますので患者にとっては深刻です。しかし、効果的なシガトキシンの検出法や治療法はありませんでした。

まだシガトキシンの分子構造がわからなかった一九八九年はじめ、最新の核磁気共鳴法（ＮＭＲ）を駆使して構造研究をしていた安元研究室の村田道雄助手（現 大阪大学教授）から、部分構造を確認したいのでシガトキシンの推定部分構造を合成してくれないかという申し出を受けました。これが、私たちがシガトキシンの合成研究を始めたきっかけです。私はこのとき初めてシガテラ中毒や村田博士を知ったように記憶していますが、村田博士も、私が米国留学後三年間勤めた（財）サントリー生物科学研究所で二年間働いていたのです。しかも、研究所で隣の実験台にいた女性研究員が村田夫人（佳子さん）になって仙台に来ていました。そんな縁で村田博士が私に声をかけてくれたのだと思います。しかし、当時の私たちの研究室の化学合成力は未熟でしたから全然役に立てませんでした。安元・村田は半年もたたないうちにNMR解析によってシガトキシンの分子構造を決定しました（図8・1）。私たちはその構造をみて興奮しました。一三個の環がはしご状につながった長さ三ナノメートル以上の巨大分子です。当時はこのように大きく複雑な分子を誰も合成したことがありませんでした。私たちも全合成できる自信はありませんでしたが、とにかくやってみたい、誰もやっていないことに挑戦したい、という気もちでいっぱいでした。

シガトキシン抗体の作製

一方、ハワイ大学のホカマ（Y. Hokama）教授は、シガトキシンの分子構造がわかる前に天然のシガトキシンそのものを使って抗体をつくるという先駆的な研究を進めていました。しかし、彼らがつくったという抗体の特異性が高くないので疑問をもたれていたのです。抗体は、抗原と結合する際、その全体を認識するわけではなく抗原の比較的小さな一部分のみを認識して結合します。そこで私たちは、猛毒のシガトキシンそのものを使わずに、一部分を合成してその部分を確実に認識する抗体をつくろう。その抗体は、同じ部分構造をもつシガトキシンにも結合するはずだから、シガトキシン抗体になるのではないかと期待したのです。

マウスを使って低分子の抗体をつくるためには、その分子を分子量がもっと大きなタンパク質に結合させて抗原として認識されやすくしてやる必要があります。一九九二年には、ＣＴＸ１Ｂの簡単なＡＢ環モデル分子が合成できたので、ウシ血清アルブミンや卵白アルブミンに結合させました。早速、安元先生の仲介で、タヒチのルイマラルデ医学研究所がマウスを使った免疫実験（抗体作成）の共同研究を開始してくれました。タヒチに送って半年後、マウスの血清中に抗体ができていることはわかりましたが、抗体産生率が低く、よい抗体を得ることはできませんでした。そして困ったことに、タヒチとは離れているので、研究連絡、打合わせや実験結果の検討を迅速・緻密にできないのが悩みでした。

共同研究による抗体開発

そうこうしているうちに、一九九三年五月に花王基礎科学研究所で抗体触媒の研究を開始した円谷(つむらや)健博士から研究所で講演をしてくれるように頼まれたのです。それまで円谷博士とは面識がなかったのですが、私と同じように博士研究員として米国ＭＩＴの正宗悟研究室で研究して帰国したばかりで、正宗研の同門という縁です。円谷博士は抗体作成のプロです。講演後、早速、シガトキシン抗体開発の協力をお願いし、共同研究が始まりました。しかし、当時は、まだシガトキシンの合成研究があまり進んでおらず、ＡＢ環モデル分子の抗原を使った免疫はよい結果が得られませんでした。そして、円谷博士から抗原のタンパク質は、ＫＬＨ（スカシガイのヘモシアニン）という貝の色素タンパク質に変えた方がよいと教えられました。三環（ＡＢＣ）モデル分子が合成できてマウス免疫を進めていた

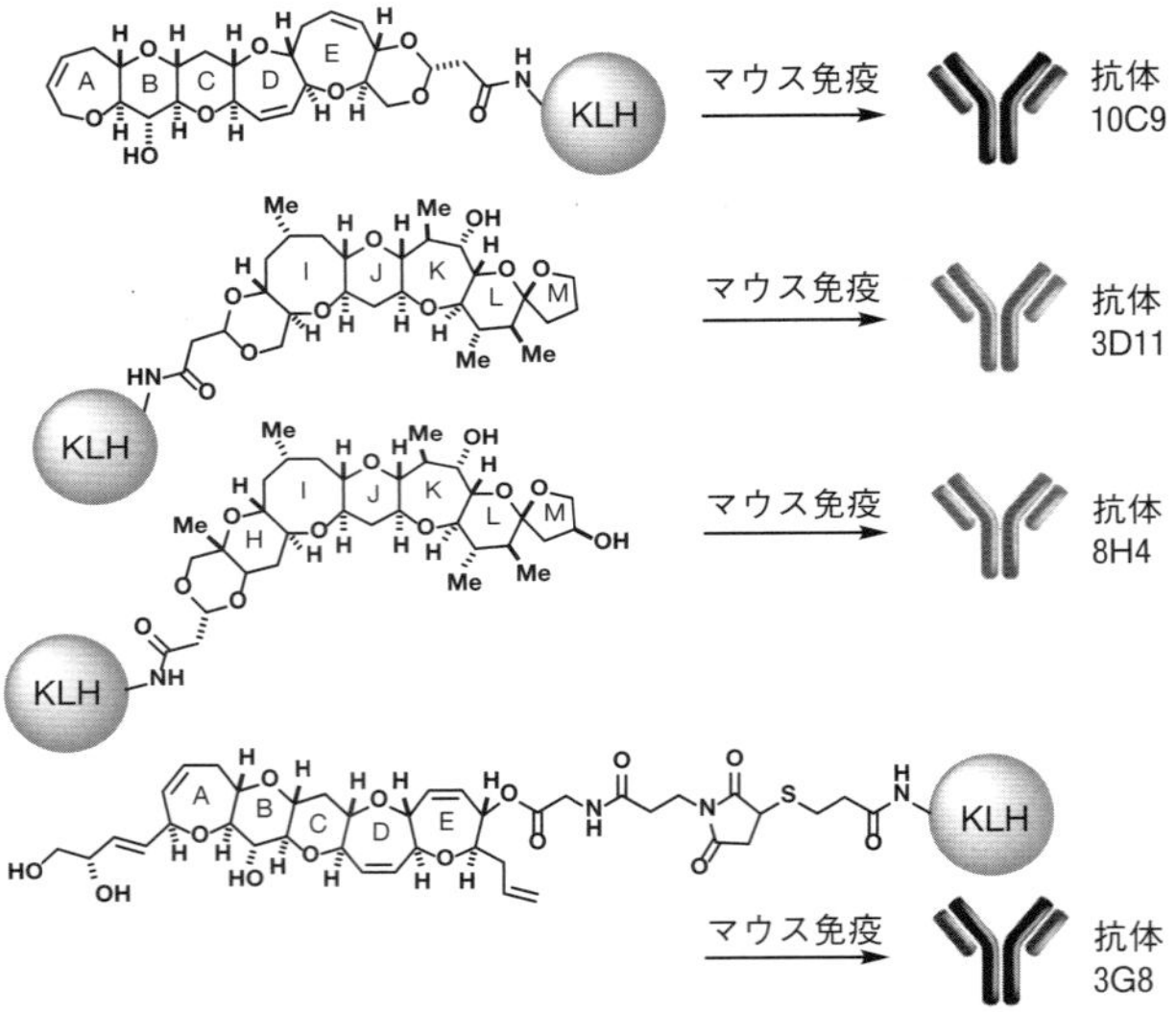

図8・3　シガトキシン特異的抗体のつくり方

ところ、円谷博士は花王基礎科学研究所から生物分子工学研究所への移動が決まり、円谷博士との共同研究は一時中断します。私は、シガトキシンの研究のほかに、石田名香雄東北大総長（当時）が発見した抗がん剤ネオカルチノスタチンの全合成研究もしていましたので、石田総長主催の学部横断型研究会（TURNS）に参加していました。石田総長から東北大学病院薬剤部長水柿道直教授を紹介されます。水柿教授も快く抗体開発に協力してくれましたが、抗原に用いたモデル分子が悪いためなかなかよい抗体ができずに日が過ぎました。

そして、研究が飛躍的に進むきっかけが二〇〇〇年にやってきます。一二月末のハワイ、環太平洋国際化学会議のホテルの廊下で生物分子工学研究所の藤井郁

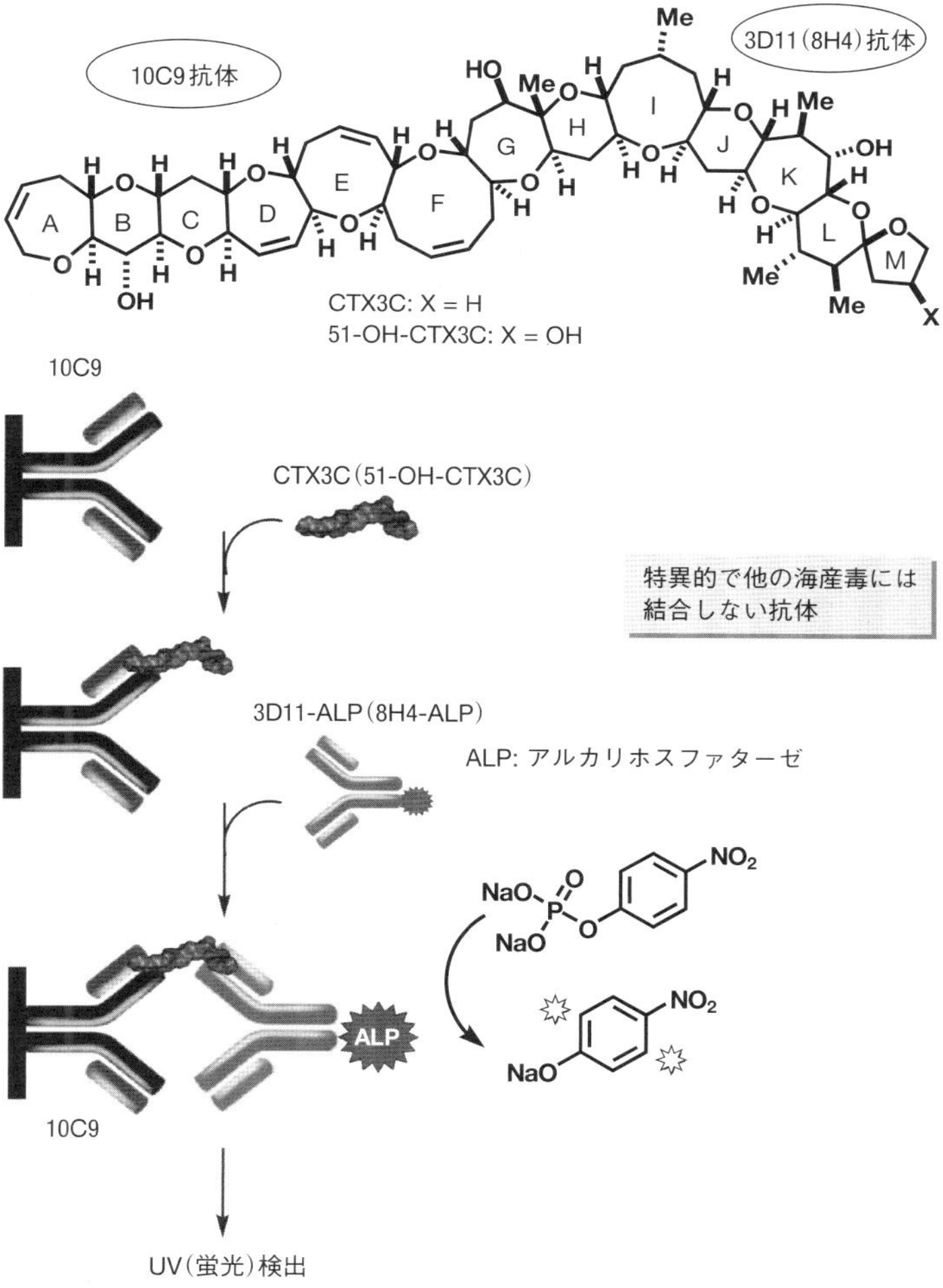

図 8・4　シガトキシンのサンドイッチ型酵素標識抗体免疫学的検定法（ELISA 法）
円谷 健・藤井郁雄（大阪府立大学）による共同研究.

雄博士に会ったのです。藤井博士とは以前、仙台のバーで会って一緒に酒を飲んだことがありました。円谷博士が参加した研究所のグループ長だったのです。シガトキシン抗体の現状を話すと、円谷博士と一緒に抗体開発研究を手伝ってくれるというではありませんか。私たちのシガトキシン全合成研究も、このころにはどんどん進展し二〇〇一年春には全合成が完成しましたから、四環（ＡＢＣＤ）モデル－ＫＬＨと、五環（ＡＢＣＤＥ）モデル－ＫＬＨ人工抗原が速やかに合成できるようになりました。藤井・円谷両博士も二〇〇三年一〇月には大阪府立大学に教授・准教授として移り、より自由に共同研究できる環境になりました。研究費も文部科学省や科学技術振興事業団（ＪＳＴ）から十分に受けられることになり、抗体開発研究はどんどん進みました。シガトキシンに高感度で特異的に結合する抗体をつくるには五環（ＡＢＣＤＥ）以上にすればよいこともわかりました。しかし、沖縄をはじめ太平洋海域の中毒で一番原因になっているＣＴＸ１Ｂの左側を認識する抗体をつくるには時間がかかりました。諦めずに抗原の合成法などをさまざまに工夫した結果、二〇一〇年にはシガトキシン類を識別する四種類のモノクローナル抗体ができました（図８・１、図８・３）。シガトキシンの異なる部位に結合する二種類の抗体を用いて高感度で検出するサンドイッチ型ＥＬＩＳＡ法（酵素標識抗体免疫学的検定法）も完成し（図８・４）、仙台のベンチャー会社（株）細胞科学研究所の佐藤 威博士がそれを応用した簡便なキットも開発してくれました。シガトキシンで中毒したマウスの治療に私たちの抗体が使えることも確認できて、マウス抗体のヒト抗体化への遺伝子工学的変換も進んでいます。世界中のシガテラ中毒の予防や治療に役立つ日が近いと期待しています。

第9章　カリクリンの生合成

脇本敏幸

生合成研究について

天然物化学は自然界の生き物がつくる分子、特に生物活性などの機能を付与された分子を**発掘**するとともに、その**構造解析**や**全合成**、さらには**生合成機構**を明らかにすることがおもな研究領域です。このなかで、生合成研究は生物の中で天然物が合成される過程を調べる学問です。生き物の中で生じる複雑な物質変換を研究対象とするため、長年その解析手法は限られてきました。たとえば、あらかじめ標識をつけた化合物を投与すると、最終的に合成される天然物の一部に標識が取込まれるので、実際に生き物が化合物をつくる過程を追跡することができます。このような解析の積み重ねによって、生物は解糖系などの一次代謝経路から派生するごく単純な生合成単位を組合わせることで多様な**二次代謝産物**（天然物）をつくり出すことがわかってきました。

さらに近年になり、生合成研究に新たな解析手法が加わることになります。生合成過程において生物は**酵素**を利用します。その酵素の情報はゲノム上に記載されているため、**ゲノム情報**をたどれば天然物の設計図を解読できるはずです。このような研究を可能にしたのが、次世代シークエンサーの開発に端を発する遺伝子配列解読の技術革新です。天然物と遺伝子、一見するとあまり縁がないように思える二つの領域が待望の融合を果たし、世界中で網羅的な生合成研究が始まりました。

天然物化学者にとってはこれまで喉から手が出るほど欲しかった天然物の設計図、これが実際に手に入る時代が到来し、何がわかってきたのでしょうか。まず、微生物などの生き物がゲノム上に保存している設計図の数は実際にこれまでに単離されている化合物に比較して数倍多いことがわかってきました。その理由としては、設計図に由来する天然物が何らかの理由で単離困難な物性をもつためこれまで物質として得られていない、あるいは設計図はあるが物質はつくられていない、といった理由が考えられます。本来生き物がもつ物質生産能を最大限引き出すため、このような休眠遺伝子を人為的に覚醒し、新たな天然物を取得する研究も行われています。次に明らかになってきたことは、特異な反応を触媒する二次代謝酵素です。複雑な骨格の天然物を精緻に組上げるために必須の酵素触媒機能が詳細にわかってきました。

海綿動物由来天然物の真の生産者は？

このように設計図の入手によって天然物化学の新事実が次々に明らかになっています。そこで私たちは天然物の設計図を利用して、海洋天然物化学の謎の解明を試みました。海綿動物からは数多くの生物活性物質が得られています。しかし、長年その生物活性物質の真の生産者は海綿動物ではなく、海綿に共生している微生物であることが疑われてきました。設計図が入手できれば、その設計図をもっている生物が生産者であると明確に特定することができます。そこで、**カリクリンA**という海綿由来細胞毒性物質の設計図を構成する生合成遺伝子の取得を試みました。カリクリンA（構造式は65ページ図９・１参照）は伊豆半島、伊豆諸島に生息するチョコガタイシカイメン *Discodermia calyx* に含まれる主要な二次代謝産物です。その構造からⅠ型ポリケチド合成酵素と非リボソーム依存性ペプチド合成酵素によって生合成されることが予想できますが、生合成遺伝子の知見はまったくありませんでした。さらに海綿に共生するどのような微生物がこの化合物を生産するのかも不明でした。

生合成遺伝子の探索源となる海綿動物は一般に数百種類以上の共生微生物からなる複合体です。その中に含まれる遺伝子はさまざまな生物に由来してきわめて多様であり（メタゲノム）、そこから特定の遺伝子を釣り上げるのは至難の業に思えました。そのため、カリクリンＡの推定生合成経路から候補となる遺伝子をⅠ型ポリケチド合成酵素遺伝子に絞り込み、海綿メタゲノムより該当する遺伝子断片の探索を行いました。得られた断片配列をもとにメタゲノムライブラリーを探索した結果、幸運にも目的とする生合成遺伝子を取得することができ、その構成はカリクリンＡの設計図にふさわしいものでした。

以上の実験によって得たカリクリン生合成遺伝子を利用して、海綿に共生する生産菌を探索しました。顕微鏡下、共生微生物の細胞を分離して、ＰＣＲ（注１）を試みたところ、*Entotheonella* 属の難培養性細菌が生産菌であることがわかりました。この細菌は新門 Tectomicbia に属し、さまざまな海綿に共生し、多様な二次代謝産物の生産に関わっていることが明らかになってきています。

（注１）polymerase chain reaction、ポリメラーゼ連鎖反応。ＤＮＡを増幅合成する仕組み。

設計図に記された巧妙な生合成機構

ここから少し専門的になりますが、私たちは得られた生合成遺伝子が実際にカリクリンAの生合成に関わる根拠を得るため、上流にコードされている修飾酵素の機能解析を行うことにしました。特に興味をもった酵素がリン酸基転移酵素です。大腸菌を用いて該当するオープンリーディングフレーム（ORF）を異種発現し、推定基質との酵素反応を試みました。その結果、まったく予想外の反応が進行しました。なんと私たちが生合成の最終産物だと信じていたカリクリンAがリン酸基転移酵素によってさらにリン酸化され、新規類縁体**ホスホカリクリンA**が生じたのです。この実験結果はにわかには信じがたく、解釈に困りました。

従来、海綿動物はスキューバダイビングによって採集したのちに、アルコールなどを用いて生のままあるいは凍結試料をミキサーで抽出します。しかし、このような抽出方法では主要成分は常にカリクリンAでした。しかし、採集後の海綿を液体窒素で瞬間凍結し、凍結乾燥した海綿組織をメタノールで抽出したところ、カリクリンAはほとんど検出されず、主要成分はホスホカリクリンAであることがわかりました。つまり、従来の凍結保存やミキサーを用いた抽出方法を用いると本来含まれている主要成分であるホスホカリクリンAが何らかの理由で変換されていたのです。その理由を明らかにするため、海綿組織より粗酵素液を調製し、ホスホカリクリンAとの反応を試みた結果、海綿粗酵素液によってホスホカリクリンAが瞬時にカリクリンAに変換されることがわかりました。この反応は組織傷害に応じて進行することから、海綿組織にはあらかじめホスホカリクリンAと活性化酵素である脱リン酸化酵素が混じり合わないように共存しており、外敵によって組織が傷害を受けると、傷害

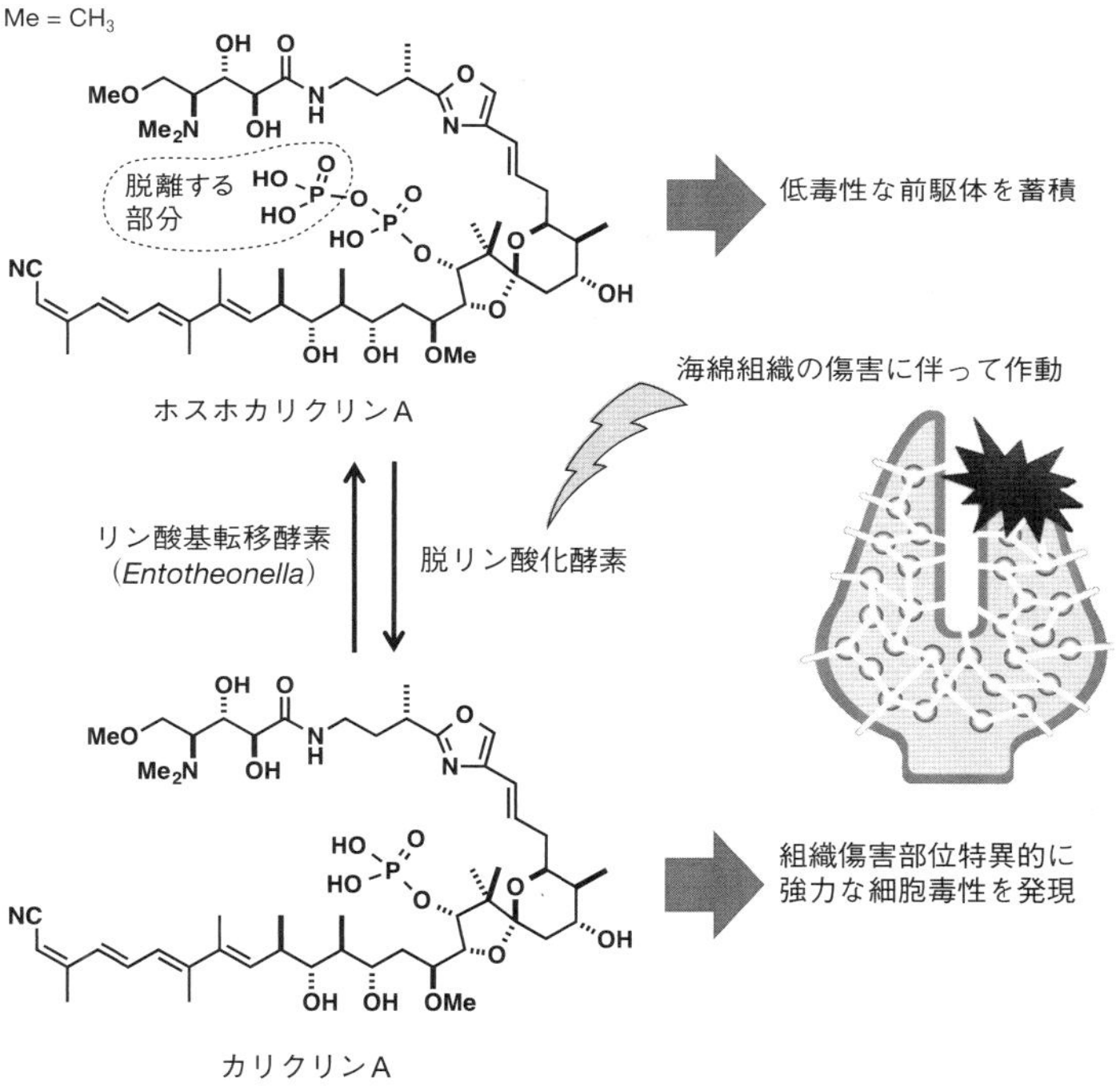

図9・1　カリクリンAの生成機構

部位においてホスホカリクリンAと脱リン酸化酵素が混じり合い、強毒性のカリクリンAが部位特異的に生じる機構が存在することがわかりました（図9・1）。より低毒性なホスホカリクリンAを貯蔵することで、海綿動物自身に対する毒性を軽減するとともに、外敵からの攻撃に対しては活性化酵素によって瞬時に対応する巧妙な化学防御機構が垣間見えます（章末文献1、2）。

まとめ

このように天然物の設計図は、生合成経路のみならず、新たな天然物の探索や天然物の真の構造、真の生産者など、自然界の天然物本来の姿により近づく手立てを与えてくれます。新たな解析対象を手にした新天然物化学によって、天然物の存在意義など、今後ますます興味深い謎が解き明かされていくことでしょう。

参考文献

（1）脇本敏幸、江上蓉子、阿部郁朗、『化学と生物』、**53**, 497〜499（2015）.
（2）江上蓉子、脇本敏幸、阿部郁朗、『細胞工学』、**4**, 412〜416（2015）.

第10章　ラン藻類の化学

末永聖武

光合成を行う細菌――ラン藻

ラン藻は、**シアノバクテリア**ともよばれる細菌の一種です。ラン藻の集合体が藻のようにみえることがあるので「藻」とよばれていますが、真核生物の藻類とは異なります。ラン藻は、細胞核をもたない原核生物であり、大腸菌などと同じ細菌に分類されます。しかし、ラン藻は他の細菌とは違ってクロロフィルなどの光合成色素をもっていて、**光合成を行う**ことができます。現在、地球に酸素が存在するのは、太古の時代にラン藻が光合成により酸素を生産したからで、約三〇億年前のラン藻が化石となって発見されています。ラン藻は現世でもさまざまなところに生息していますが、かなり過酷な環境でも生息できます。温泉のような高温、死海のように塩濃度の極端に高い海、氷河のような低温でも生きている種もいます。太古の地球もそれに近い厳しい環境だったと考えられています。

光合成では、二酸化炭素と水から糖（炭水化物）と酸素が生成しますが、ラン藻はそれ以外にも二次代謝産物とよばれるさまざまな物質をつくり出すことが知られています。たとえば、富栄養化した湖沼に発生する**アオコ**はラン藻の大量発生によりひき起こされますが、悪臭を放つだけでなく有毒物質を生産します。また、特に海洋性ラン藻は医薬品や生命科学研究用試薬としての可能性を秘めた、珍しい化学構造をもつ物質や非常に強い生物活性を示す物質を生産することが知られています。これらのなかには、もともと別の海洋生物から発見されたものもあります。海洋産の生物活性物質の多くは、その生物自身がつくり出しているのではなく、食物連鎖や共生関係による外因性のものであり、ラン藻などの微生物が真の生産者であると考えられています。

ラン藻の採集と生物活性物質の単離

筆者は、海洋性ラン藻が生物活性物質の探索源として非常に魅力的であると感じ、ここ一〇年ほど研究を続けてきました。海洋性ラン藻は実験室での培養が難しいので、筆者たちは沖縄や奄美地方の海へ何度も出かけて採集し、研究の材料を集めました。こうして集めたラン藻を有機溶媒で抽出してエキスをつくります。次にクロマトグラフィーという方法で分離していきます。抽出エキスには非常に多くの物質が含まれていますので、微量の目的物質を探索するために生物活性を指標にします。たとえるなら、大量の砂に混ざった角砂糖を探すようなものですが、アリは甘味を頼りに見つけることができるでしょう。私たちはがん細胞を用いて、分離操作のたびにどこにがん細胞の増殖を抑える物質が含まれているかを調べながら、目的の物質を純粋に単離します。つづいて、化学構造を決定します。核磁気共鳴（ＮＭＲ）装置を使うと、だいたいの構造が短時間でわかりますが、さらに細かい部分（立体構造）は、誘導反応や部分的な化学合成をしたり、結晶構造解析を行ったりといろいろな手段を組合わせて決定します。

一方、海には多くの種類のラン藻が生息していますので、どれを研究に選ぶかはとても重要です。海

図10・1　海洋シアノバクテリアの採集　奄美大島にて．

でみているだけではわかりませんので、ラン藻を実験室に持ち帰って生物活性や含まれている物質を調べ、おもしろそうならまた海で採集します。試行錯誤の連続です。また、ラン藻を見つけて採集する作業は、かなりの労力や経験を必要とします（図10・1）。干潮時に三〜四人が四〜五時間歩き回って作業しますが、一日に数種類のラン藻を一袋ずつ採集するのが精いっぱいです。しかもその苦労がまったく無に終わることも少なくありません。

ビセリングビアサイドの作用機構の解明

そのような研究の過程で、沖縄県の備瀬崎で採集したラン藻（リングビア属）から**ビセリングビアサイド**（BLS）と名付けた物質を発見しました（図10・2）。この物質は、がん細胞の一種であるヒーラ細胞に対して**アポトーシス**をひき起こしました。アポトーシスとは『管理された細胞の自殺』、『プログラムされた細胞死』といわれますが、カスパーゼという酵素によってひき起こされます。次に知りたいのは、BLSがどのように働いてアポトーシスをひき起こしたか？　その作用機構です。その手がかりを得るために、がん研究所の矢守隆夫先生にお願いしてさまざまな種類のがん細胞に対する作用を調べてもらいました。その結果、BLSの各種がん細胞に対する特性が、細胞内のカルシウムポンプ（SERCA）とよばれるタンパク質に作用する物質と類似していました。そこで、BLSが細胞内のカルシウムイオン（Ca^{2+}）濃度に及ぼす影響を調べてみたところ、BLSは細胞質のCa^{2+}濃度を上昇させ

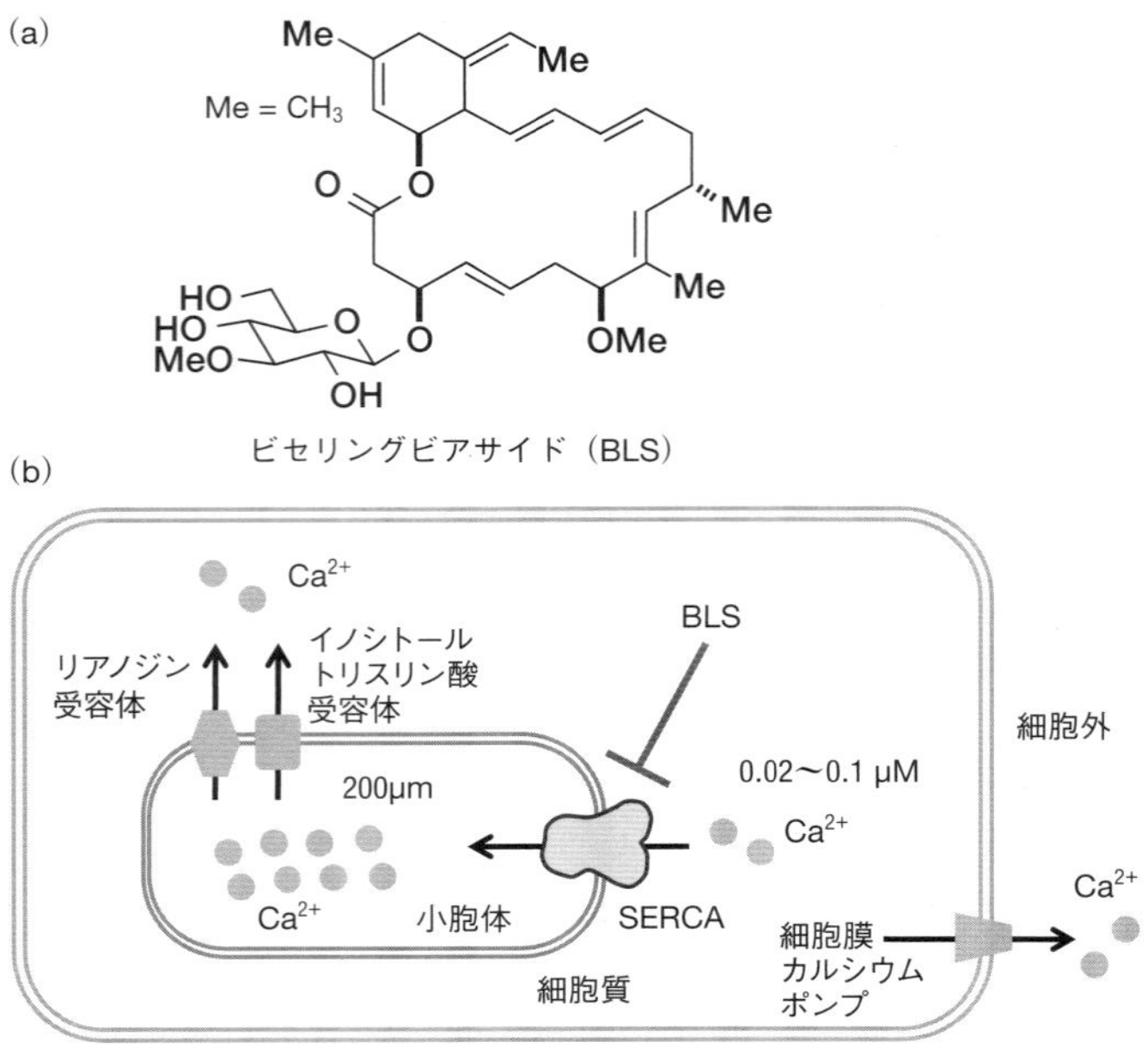

図10・2　(a) ビセリングビアサイド (BLS) の化学構造，(b) 細胞内でのカルシウムイオン (Ca^{2+}) の移動とBLSの働き　図中の数値はCa^{2+}の濃度を表す．

ることがわかりました。SERCAは小胞体という細胞内小器官の膜上にあって、細胞質から小胞体内へCa^{2+}を汲み上げています（図10・2）。細胞において、細胞質のCa^{2+}は低濃度に保たれており、大部分のCa^{2+}は小胞体内に蓄えられています。一方、小胞体から細胞質へCa^{2+}を排出する経路もありますので、BLSがSERCAの働きを抑えたことによって、小胞体に蓄えられたCa^{2+}が細胞質へ出ていった結果、細胞質のCa^{2+}濃度が上昇したと推定されました。

次に、BLSが実際にSERCAに対して作用しているのかどうかを調べました。ウサギの筋小胞体から取出したSERCAを用いて、BLSのSERCA阻害活性（SERCAが関与する反応を抑える作用）を調べたところ、BLSの活性は非常に強いことがわかりました。ここまでわかると、次に知りたいのは、BLSのような低分子（分子量六〇四）がSERCA（分子量一一万）のような大きな分子にどのように結合し、その働きを抑えるのか？　ということです。これを調べるための最も有効な手段は、複合体の結晶構造解析なのですが、BLSとSERCAが結合した状態で解析に適した結晶を得るのは簡単なことではありません。SERCAのように膜タンパク質とよばれるタンパク質では特に難しいことが知られています。世界で初めてSERCAの結晶化・構造解析に成功した、東京大学分子細胞生物学研究所の豊島 近教授の協力を得て、BLS-SERCA複合体の結晶化条件を検討した結果、ついに良質な結晶が得られました。播磨のSPring-8で放射光を用いてデータ収集を行い、構造解析を行ったところ、BLS-SERCA複合体の結晶構造が得られ、BLSとSERCAの結合を分子構造レベルで詳細に知ることができました（図10・3）。SERCAはCa^{2+}を汲み出す際に、Ca^{2+}と結合する型と結合しない型の構造変化を繰返しています。詳細な構造については省略し

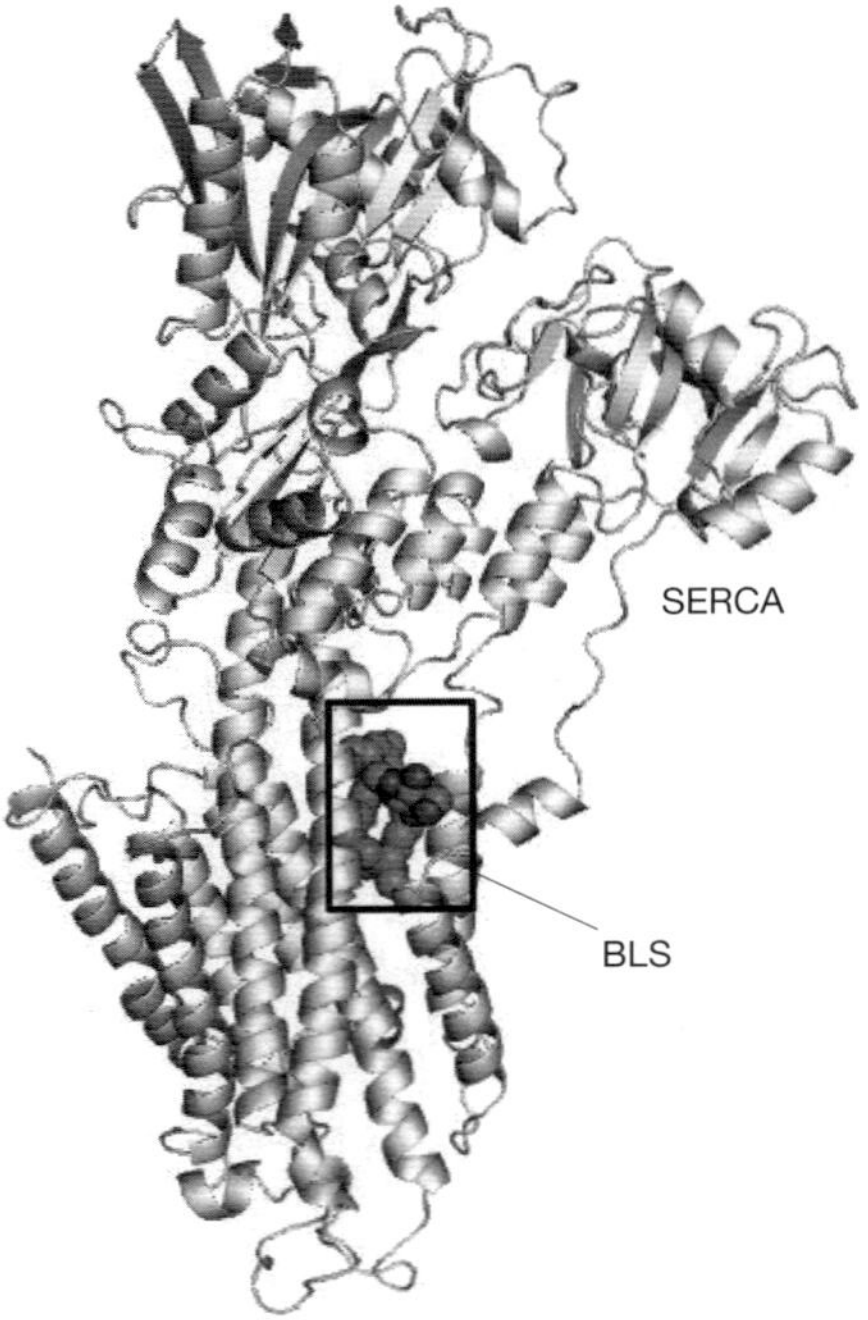

図10・3　SERCA-BLS複合体の結晶構造

ますが、ＢＬＳはＳＥＲＣＡに結合することによって、ＳＥＲＣＡの構造変化を抑えている（ＳＥＲＣＡがCa^{2+}と結合できる型になれない）と考えられます。ＳＥＲＣＡとＢＬＳの結合の仕方がわかったことで、ＳＥＲＣＡが関連した病気の治療薬候補物質を合理的に設計することが可能になります。

以上の研究で、筆者らが発見したＢＬＳのがん細胞増殖を抑える仕組みが明らかになりました。ラン藻がつくり出す小さな分子ＢＬＳが、その約二〇〇倍も大きな巨大なカルシウムポンプに結合してその働きを抑え、がん細胞に対して細胞死をひき起こすのです。自然界で生み出され、磨かれてきた分子の凄さを感じます。このような自然界の宝物といえる分子を発見し、その機能を明らかにする研究は今後ますます重要になっていくでしょう。

第11章 貝毒ピンナトキシンと骨粗鬆症治療薬候補ノルゾアンタミン

福沢世傑

生物活性をもつ天然物の発見には二通りの道筋があります。食中毒などのように現象が認知され、原因となる化合物の存在が予想されて探索を行った結果、単離・構造決定がなされる場合と、単離して調べてみたらおもしろい活性があったという場合です。ここでは貝毒**ピンナトキシン**と骨粗鬆症治療薬候補**ノルゾアンタミン**をそれぞれの例として紹介します。

貝毒の探索――ピンナトキシンの発見

私が大学院修士課程の一年生になってしばらくして、指導教員である上村大輔先生から一通の論文をいただきました（章末文献1）。それはハボウキガイ科に属する二枚貝タイラギ *Pinna attenuate* 由来の毒、タイラギトキシンについての初めての報告でした。論文は中国語で書かれていたので、母に頼んで訳してもらいました。筆者らは中国広州湾内で上記二枚貝を採集し、そこから毒成分を抽出し、マウス最小致死量は腹腔内投与で二・五ミリグラム／キログラム。中毒症状としては歩行困難、静臥不動、毛髪散乱、そして最後に全身痙攣によって死亡したと報告しています。毒の作用機序としてはカルシウムチャネルを活性化し、細胞膜のカルシウムイオン流入を増大させることも併せて報告していました。この時点で、麻痺性貝毒サキシトキシンや下痢性貝毒オカダ酸とは異なるタイプの毒であることが示唆されました。

私たちは日本国内で入手できる類似の二枚貝イワカワハゴロモガイ *Pinna muricata*（図11・1）にも同じ毒成分が含まれているとの作業仮説を立て、論文に書かれていた粗抽出法の手順にしたがって貝毒ピンナトキシン（タイラギトキシン）の単離・構造決定に着手しました。まずは漁師に採集していただいたイワカワハゴロモガイのむき身を取出す作業から始めました。貝殻は大きいが身はほんの少ししか入っていません。一番初めは一人で数キログラムの貝を処理し、七五パーセントエタノールで破砕し、沪過濃縮後、水-有機溶媒の二層分配で脂溶成分を除

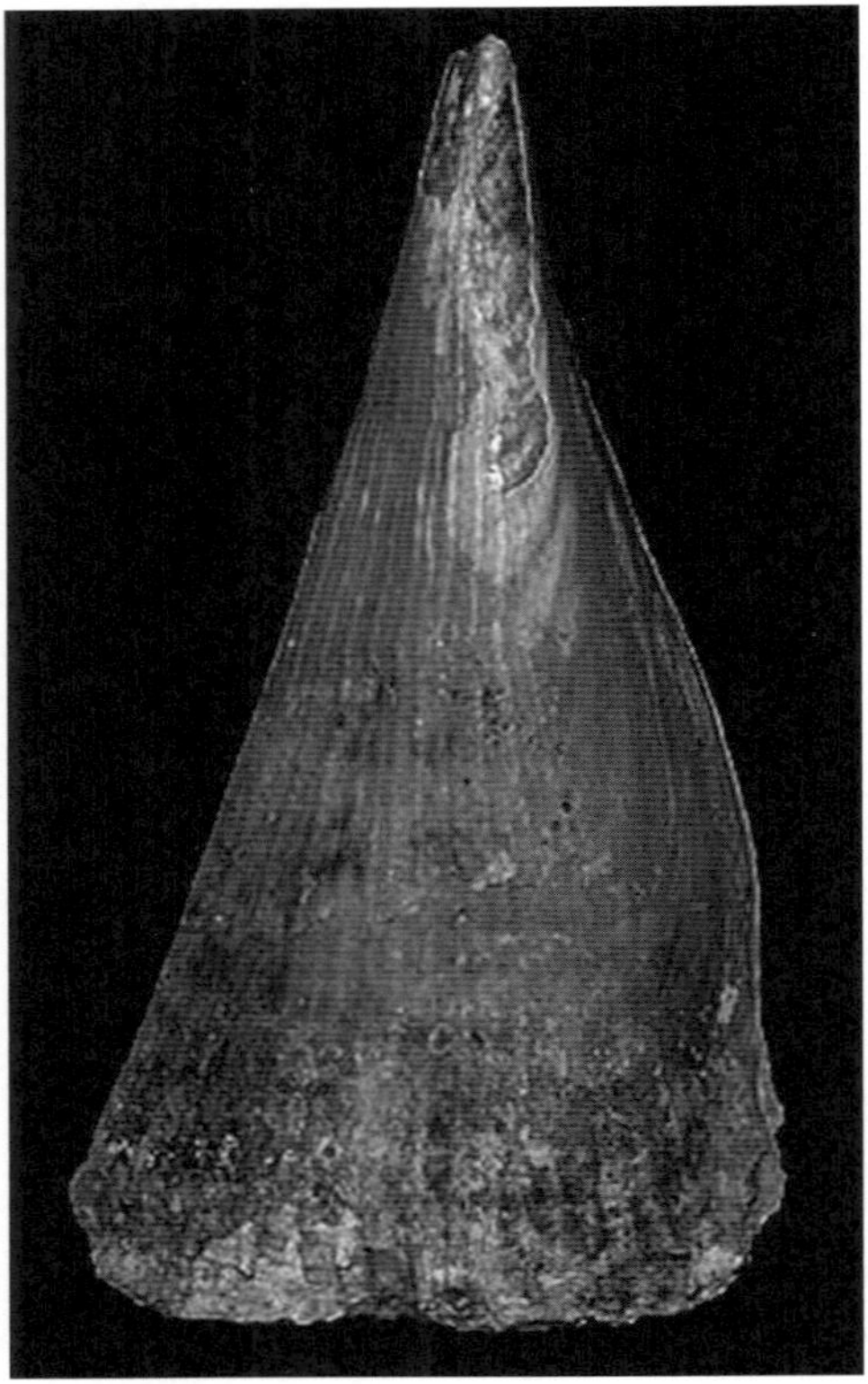

図11・1　イワカワハゴロモガイ

き、各種クロマトグラフィー分画を行いました。

毒のありかを調べるにはマウスに対する急性毒性試験を用いました。分画した各画分の一定量をマウス腹腔内に注射し、その様子を観察しました。指導教員の上村先生はマウスがヒクヒク痙攣しながら、もしくはのたうちまわるように死ぬなど毒の作用機序によって異なることを経験的に熟知しており、当初は麻痺性貝毒サキシトキシンの可能性を考えていましたが、死に方が異なるということで、新規貝毒であるとの確信をもち研究を続行しました。

クロマトグラフィーでは研究室では定番のポリスチレン系樹脂、弱陰イオン交換樹脂が効果的で、最終的には約四五キログラムのむき身から三・五ミリグラムの**ピンナトキシンA**（図11・2）の単離に成功しました。構造解析はNMR（核磁気共鳴）を用いて三連続スピロ環、環状イミンといった特異な構造を明らかにしました。その後、ピンナトキシンAが**ニコチン性アセチルコリン受容体**のアンタゴニストとして作用することがわかり、その共結晶のX線結晶構造解析が二〇一五年に報告されました。これによるとピンナトキシン類特有の環状イミン構造が活性発現に重要で、これを開環させると失活することがわかりました。

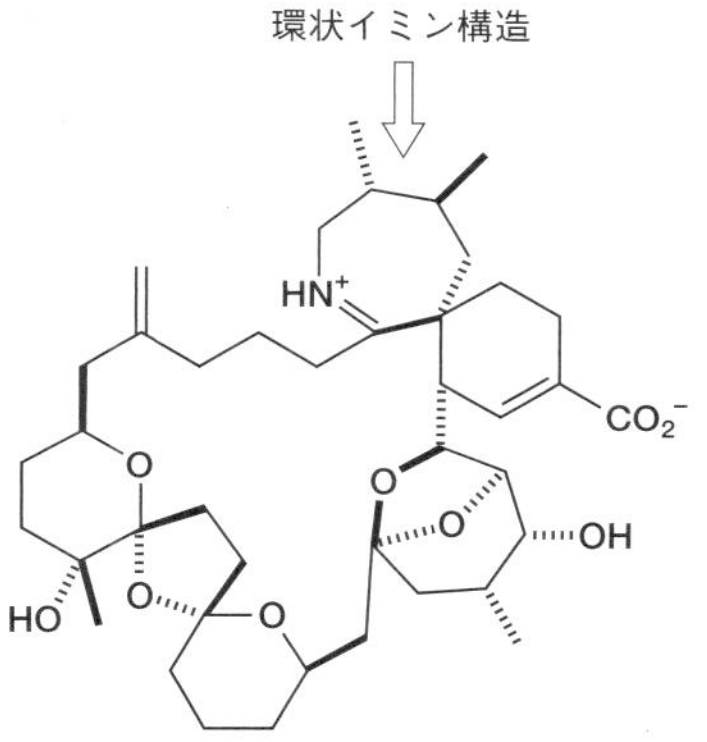

図11・2　ピンナトキシンA

最初の毒の報告から二五年、構造解析から二〇年を経て毒の標的タンパク質が明らかとなりました。フグ毒テトロドトキシンの発見がイオンチャネルの研究へ大きく寄与したように、天然毒の発見は神経研究の進展と軌を一にします。生物現象から細胞機能へ、毒の歴史にまた新たな一ページが加わりました。

奄美での採集から――ノルゾアンタミンの発見

一九九〇年のNHK大河ドラマ「翔ぶが如く」で、西郷吉之助（隆盛）が奄美大島に流される場面で奄美大島の海岸が放映されました。このシーンをみて上村先生は「奄美だわい。林君、行ってこい。」という直感で、当時大学院生であった林 義徳氏は一人奄美大島に行き、海洋無脊椎動物の採集をしてきました。飛行機で奄美大島に向かうと眼下にエメラルドグリーンの珊瑚礁が広がり、その中にある奄美空港に着陸します。奄美空港は珊瑚礁を埋め立てて造成した空港なのです。スナギンチャクの生息域は空港から車で一〇分ほど北に行ったあやまる岬の先に広がる珊瑚礁の先端辺りで、干潮時に先端まで歩いてスナギンチャク（図11・3、灰色の鳥の皮のような表面をもつ刺胞動物）をはがして持ち帰り、ブレンダー（ジューサーをより頑丈にしたもの）でエタノール中破砕した後、酢酸エチルで抽出したら、TLC（薄層クロマトグラフィー）上でほぼ単一スポットの化合物が得られ、NMR（核磁気共鳴）測定したら非常にきれいなスペクトルが得られました。空港のすぐ傍が採集地で単離操作が非常に単純な楽な天然物でした。

そこには既知化合物であるゾアンタミンとその類縁体で新規化合物である**ノルゾアンタミン**が含まれていました。ノルゾアンタミンはビスアミナール構造という他には例をみない特異な骨格をもち（図11・4）、何かおもしろい生物活性があると当初は期待していましたが、細胞毒性がほとんどな

図 11・3　スナギンチャク

く、当時もっていた各種アッセイ系にかけてもまったく活性を示しませんでした。ところが隣の研究室のある獣医出身の研究員の方が骨の研究をされていて、骨粗鬆症モデルマウスに投与すると大腿骨の骨密度および骨重量増大作用を示すことを発見しました。すなわち骨粗鬆症治療薬の候補としての可能性が出てきたのです。

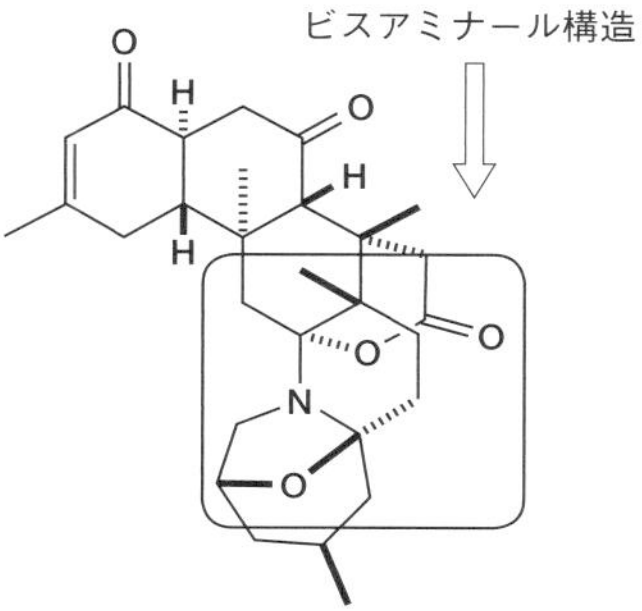

図 11・4　ノルゾアンタミン

一般に、閉経後骨粗鬆症は女性ホルモンの分泌減少によるものなので、女性ホルモン投与という対症療法がなされます。しかし、これには子宮重量増大という副作用が存在します。それに対して、ノルゾアンタミンには子宮重量増大という副作用がみられず、目立った細胞毒性や酵素阻害活性もみられないことから、今までまったく活性がないと嘆いたことが一転して副作用が少ないとの長所に変わったのです。

ところが、ここで一つの疑問が浮上します。スナギンチャクは無脊椎動物で骨がないにも関わらず、なぜ骨を強くする天然物をもっているのでしょうか。二〇〇〇年ごろ、ノルゾアンタミン抗骨粗鬆症作用の分子レベルでの解明と、宿主であるスナギンチャク内での役割を解明する目的で、二方向から研究を開始しました。骨代謝は骨形成と骨吸収のバランスで成り立っており、ノルゾアンタミンは骨吸収を担う破骨細胞には作用せず、骨形成促進に作用していること、そしてそれは骨組織のタンパク質成分であるコラーゲンと緩やかに相互作用することでその分解を抑制し、硬組織であるヒドロキシアパタイトの沈着量を増やすことで骨密度・骨強度の増大に寄与していることが明らかになりました。一方、コラーゲンは構造タンパク質の一つでスナギンチャクの表皮組織にも存在します。イメージング質量スペクトル解析により、表皮組織に高濃度で局在していることがわかりました。つまり、骨と無脊椎動物のキーワードはコラーゲンを介してつながったことになります。

ノルゾアンタミンがもつビスアミナール構造は他に類をみないもので、この部分のみを化学合成して天然物であるノルゾアンタミンと比較したところ、ほぼ同じ活性を示しました。海産天然物をリードとした創薬は供給をどうするかが問題です。宿主生物の大量採集は種の絶滅の危惧があり、活性を保持した状態で構造簡略化し、化学合成での供給を可能にすることで供給問題を解決することができました（章末文献2）。

参考文献

（1）鄭淑貞、黄方呂、陳少川、淡燮峰、左俊彪、彭炬、謝瑞文、『中国海洋薬物』、**1**, 33（1990）.

（2）H. Inoue, D. Hidaka, S. Fukuzawa, K. Tachibana, *Bioorg. Med. Chem. Lett.*, **24**, 508（2014）.

第Ⅱ部　身近な毒、抗生物質、ケミカルバイオロジー

第12章　フグ毒の科学

西川俊夫

フグ毒**テトロドトキシン**（TTX）は日本人にとってキノコの毒とならんで、最もなじみの深い天然毒でしょう（図12・1）。テトロドトキシンは、数ある天然毒のなかでも、最も詳しく研究されてきた化合物の一つで、そのほとんどが日本人研究者の手によって行われてきました。日本の天然物化学の研究史上、フグ毒は欠かすことのできない天然物ともいえます。ここでは、この天然分子の研究の歴史を簡単に説明し、現在なお未解明な多くの謎（研究課題）をもつこの分子の魅力について紹介します。

フグ毒の構造決定

フグ毒テトロドトキシンの化学構造が決まったのは一九六四年のことです。この年、京都で第三回IUPAC（国際純正・応用化学連合）天然物化学国際会議が開催され、この学会の最大のトピックが、テトロドトキシンの構造決定でした。名古屋大学の平田義正-後藤俊夫、東京大学の津田恭介、そしてハーバード大学のウッドワード（R. B. Woodward）らの日米三つの研究グループが、この学会で同じ化学構造を発表したのです。ウッドワードは、二〇世紀最大の有機化学者といわれた天才で、翌

図12・1　フグ（トラフグ）の写真

年ノーベル化学賞を受賞しています。当時テトロドトキシンの構造決定は、この世界的有機化学者を含んだ数グループの間で熾烈な競争が行われていたのです。日本の研究者がウッドワードと同じ結論を発表したことで、戦後日本の有機化学の水準の高さを国内外に知らしめた歴史的な研究だったといえます。さて、この学会では、モッシャー（H. S. Mosher、スタンフォード大学）がカリフォルニアイモリのもっている毒（当時タリカトキシンとよばれていた）がテトロドトキシンと同一物であると発表しました。当時、テトロドトキシンはフグ固有の化合物でフグが生産していると考えられていたので、この発表は驚きをもって迎えられました。

フグ毒が強力な毒性を示す理由

一九六四年、楢橋敏夫（デューク大学）らはフグ毒テトロドトキシンがなぜ強力な毒性を示すかを明らかにしました。テトロドトキシンは、神経伝達における電気信号の伝播をつかさどるナトリウムイオンチャネルというタンパク質をごくわずかな量で阻害することで、その強力な毒性を発現するというものです。驚いたことに、テトロドトキシンは、数あるイオンチャネルのなかで**電位依存性ナトリウムチャネル**だけを特異的に阻害します。この発見から今日にいたるまで、フグ毒は神経生理学実験で欠かすことのできない重要な薬理試薬として、広く研究に使われています。また、テトロドトキシンがこのチャネルタンパク質に特異的に結合するという性質を使って、このタンパク質の精製が行われました。一九八四年に沼 正作（京都大学）らによって発表されたナトリウムチャネルタンパク質のcDNAクローニングと機能タンパク質の発現という当時最先端の研究成果は、フグ毒の特性を利用して初めて可能になったものです。これら一連の研究は、現在「**ケミカルバイオロジー**（化学生物学）」とよばれる最も初期の例であり、天然物がタンパク質の機能、構造研究に非常に重要な役割を果たすことを示した先駆的な研究例となっています。

フグ毒の化学合成

このテトロドトキシンは、一九六四年の構造決定以来、多くの有機合成化学者によって全合成（完全化学合成すること）の標的化合物となってきました。分子量が三一七と小さい分子ですが、構造が非常に複雑であるため有機合成化学者がその力量を示すのに格好な標的分子と考えられたからでしょう。実際に、この化合物の複雑な構造は、ウッドワードらを含む多くの著名な化学者の挑戦を退けてきました。このなかで、一九七二年、世界に先駆けて全合成を完成させた日本人研究者がいました。当時名古屋大学（農学部）の岸 義人が率いるグループです。岸は、テトロドトキシンの構造を決定した名古屋大学の平田研究室の出身で、留学先のウッドワード研究室から帰国後、名古屋大学農学部の後藤教授の研究室の助教授に着任し、わずか二年ほどの間にテトロドトキシンのラセミ体の合成を完成させ、世界中のこの分野の研究者をあっと言わせました。その合成法は、現在の水準でみても、みごとなものです。岸はこの全合成によってウッドワードにその実力を認められ、ハーバード大学へ教授として招聘され現在に至っています。

その後もこの分子の全合成に挑戦する化学者は後を絶ちませんでしたが、およそ三〇年間、誰もこの分子を合成することができず、全合成がきわめて困難な天然物として知られるようになりました。二〇〇三年になって、筆者らのグループ（磯部 稔、西川俊夫）が、この分子の光学活性体の全合成を初めて報告しました。その後、スタンフォード大学のデュボア（J. Du Bois）、神奈川大学の佐藤憲一らもそれぞれ光学活性体の全合成を報告し、ここに至って初めて化学合成によって天然型テトロドトキシンが入手可能になったといえます。

この分子の化学合成が極端に難しいのは、小さい分子中に多くの官能基が異常なほど高密度で組込まれていることにその最大の原因があります。官能基が密接しているため、それらが相互に干渉しあい、常識では予測できない反応性を示すのです。また、この分子の特殊な化学的性質（塩基に不安定で、希酸以外のあらゆる溶媒に溶けない、精製が困難など）も合成を困難にしている原因の一つです。テトロドトキシンの全合成は、これらの課題を一つずつ解決して初めて実現したもので、筆者らはその実現に二〇年近い月日を費やしました。筆者らは、その後も合成法の改良を続け、図12・2に示すようなさまざまな類縁化合物を合成してきました。このなかには、チリキトキシンというコスタリカ産の矢毒カエルが保有するテトロドトキシンのなかで最も構造の複雑な化合物が含まれます。これらの類縁体の生物活性を調べると、わずかな構造の変化でその活性が大幅に低下し、テトロドトキシンの構造はナトリウムチャネル阻害剤として最適化された構造をもっていることが明らかになりました。

医薬品としての可能性

昭和初期の一時期、日本ではテトロドトキシンはリウマチ、神経痛の痛み止めとして、実際に販売されていたことがありました。まさに、毒と薬

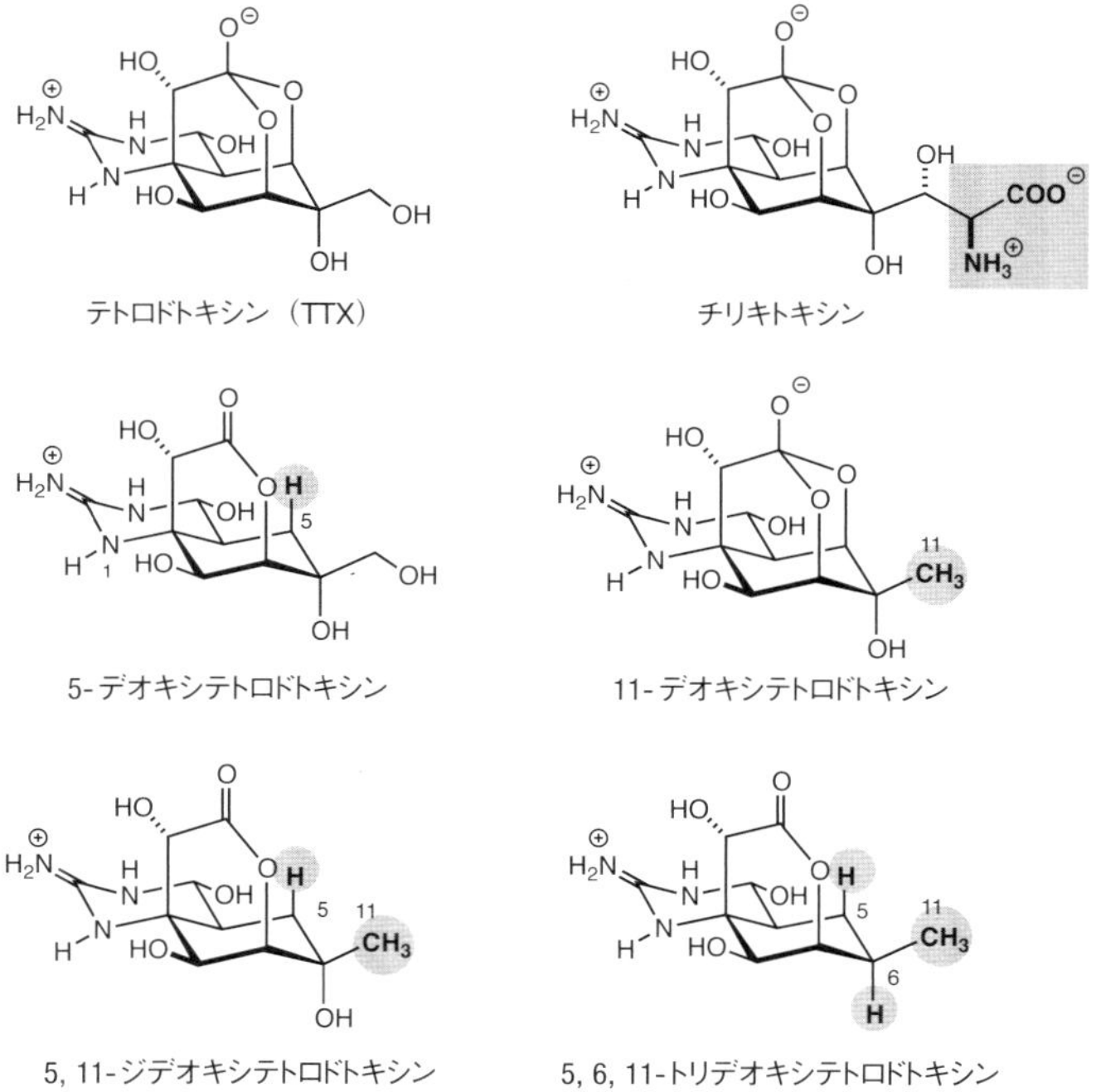

図12・2　筆者らが化学合成したテトロドトキシンとその天然類縁体

は紙一重といえます。最近でも、テトロドトキシンにはモルヒネのような習慣性がないことに注目したカナダのある製薬会社が、末期がん患者のための鎮痛剤として開発していました。残念ながら、やはり毒性の問題から現在開発は中断されています。近年、慢性痛みの伝達にはナトリウムチャネルのある特別な分子種が関わっていることがわかってきました。このナトリウムチャネルだけを阻害する薬を求めて、世界中の製薬会社が研究しています。もしテトロドトキシンの類縁体のなかに痛み伝達に関わるナトリウムチャネルだけを阻害する分子が見つかれば、モルヒネに代わる鎮痛剤となる可能性が十分あります。また、哺乳動物のもつナトリウムチャネルのなかにはテトロドトキシンによって阻害されないテトロドトキシン耐性型とよばれるものがあります。私たちは、テトロドトキシンの構造を化学的に改変し、これらテトロドトキシン耐性のナトリウムチャネルを特異的に阻害する分子を見つけようとしています。もし見つかれば、そのナトリウムチャネルの生物機能の解明や制御を可能とする重要なツール分子となるはずです。

生合成の謎

一九六四年にカリフォルニアイモリからテトロドトキシンが見つかって以降、さまざまな小動物（海洋動物では、ある種のタコやカニ、ヒトデ、貝類、ツムギハゼなど、陸生生物では、イモリやカエルなど）がテトロドトキシンをもつことが明らかにされてきました。また、養殖フグには毒がないことから、フグはテトロドトキシンを餌から摂取していることがわかっています。現在では、フグ毒の真の生産者は海洋細菌で、食物連鎖によってフグに生物濃縮されていると考えられています。これらの研究の立役者も日本の水産研究者でした。しかし、細菌類がどのようにテトロドトキシンを生産しているかはまったく未解明のままで、フグ毒最大の謎の一つです。テトロドトキシン生産菌の生産量が著しく少なく、また培養によってその生産能力が失われてしまうため、その研究はまったく進んでいないのです。東北大学の山下まり、安元健らは、フグやイモリからテトロドトキシンと関連のある化合物を次々に発見して注目されています。そのなかには、テトロドトキシンの生合成の中間体である可能性のあるものが含まれており、生合成解明のヒントになると期待されています。筆者らは、テトロドトキシンやその関連化合物を同位体で標識したものを化学的に合成して、テトロドトキシンの生合成酵素を見つけることに役立てないかと考えています。

フグが毒をもっている理由

フグが強力な毒であるテトロドトキシンを蓄積する仕組みは、少しずつわかってきました。フグには、通常の魚のおよそ千倍というテトロドトキシンに対する高い抵抗性があります。その最大の理由は、フグのもつナトリウムチャネルがテトロドトキシンに結合しにくくなっていることにあります。テトロドトキシンが結合する部位のアミノ酸が変異を受けているのです。また、テトロドトキシンの蓄積、輸送に関わると考えられるテトロドトキシンに結合する特別なタンパク質も見つかっています。ある種のフグは、皮膚にテトロドトキシンを分泌する特別な器官を発達させており、敵の攻撃など外部刺激によってテトロドトキシンを放出します。フグは、やはりテトロドトキシンを防御物質として利用しているのです。多くの魚類は、テトロドトキシンを含む餌を口に入れると直ちに吐き出します。

テトロドトキシンを認識する仕組みをもっていると考えられますが、詳しいことはわかっていません。一方で、フグはテトロドトキシンを含む餌に誘引されることが知られていますが、その認識機構も不明のままです。クサフグは、テトロドトキシンを性フェロモンとして利用しているという研究報告もあります。フグは、おそらく偶然取込んだテトロドトキシンを、長い進化の過程で、さまざまな形で有効利用するようになってきたと考えられます。

さらなる謎

最大の謎は、細菌が何の目的でテトロドトキシンを生産しているかでしょう。テトロドトキシンには抗菌活性がなく、細菌のナトリウムチャネルを阻害しません。細菌が動物のナトリウムチャネルを阻害するためにわざわざテトロドトキシンを生産しているとは考えにくいでしょう。フグが保有しているテトロドトキシンの量は非常に多いのですが、フグが食物連鎖を利用して効率よくテトロドトキシンを蓄積する仕組みを発達させているだけでなく、生産菌にもテトロドトキシンを生産する未知の、しかし重要な理由があるに違いありません。

以上のように、フグ毒テトロドトキシンは、古くから研究されている天然物であるにも関わらず、現在なお未解明の課題があり、多くの科学者によって活発な研究が進められているたいへん魅力的な化合物なのです。

第13章　ワラビの発がん物質

木越英夫

はじめに

化学物質による発がんが一九一五年に山際勝三郎らによって示されて以来、天然**発がん物質**の研究が医学、獣医学分野において精力的に行われてきました。長寿命化が進む現代社会において、発がんおよび制がんの機構解明はますます重要になっています。生活環境には、たとえばタバコの煙の中にホルムアルデヒドなどの発がん物質が存在していることが知られていますが、特に、食物に含まれる天然発がん物質は一般の関心も高く、解明が期待されている課題です。たとえば、フキノトウにはピロリチジンアルカロイドという発がん物質が含まれていますし、ピーナッツに寄生するカビが生産するアフラトキシンも発がん性があることが知られています。

ワラビ発がん物質プタキロサイド

ワラビ（図13・1）は世界中に広く分布しているシダ植物の一種であり、夏季には一般にシダとして知られている形で繁茂しています。日本では、初夏の若芽をおひたしや天ぷらなど山菜料理として、また根から得られるでんぷんをワラビ餅としてなどの食用とされています。しかしながら、欧州では

(a)　　　　　　　　　　(b)

図13・1　植物ワラビ　(a)は成熟したワラビ，(b)は若芽．

古くから、ワラビには毒性があることが知られており、放牧している牛や羊がワラビを食べて中毒になることが問題となっていました。

家畜のワラビ中毒の研究途上で、一九六〇年代にワラビに発がん性があることが発見されました。その後、世界中でその原因物質を突き止めるための研究が行われましたが、ワラビの発がん物質の正体はなかなか明らかになりませんでした。その理由は、ワラビの発がん物質が化学的に不安定であり容易に分解してしまうためと、通常の発がん物質とは異なり変異原性（突然変異をひき起こす活性）がないためでした。しかし、一九八三年に山田靜之（名古屋大理）、廣野巖（東大医）らは、中性条件で温和な抽出法を確立し、時間はかかるが結果が信頼できるラットを用いる発がん試験を指標として、ワラビ発がん物質**プタキロサイド*1***（図13・2）を発見しました。

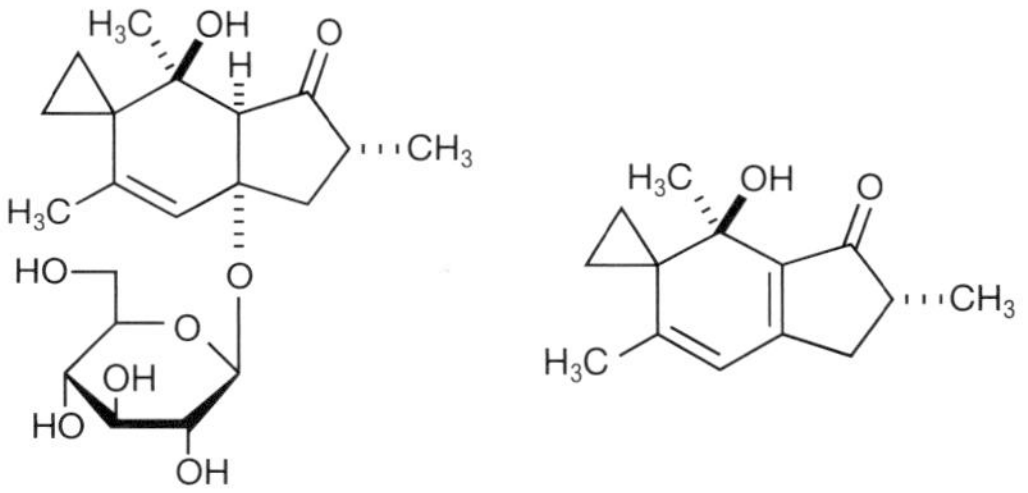

ワラビ発がん物質
プタキロサイド***1***

ワラビ究極発がん物質***2***

図13・2　植物ワラビの発がん物質*1*と究極発がん物質*2*

ワラビ発がん物質***1***は他の天然発がん物質とは異なる特異な官能基配列をもつ、不安定なノルセスキテルペン配糖体（注1）です。前で述べたように、ワラビ発がん物質***1***は、特に酸性やアルカリ性条件では不安定であり、水溶液中で発がん性のない化合物に変化します。この性質が、長い間ワラビ発がん物質の発見を阻んでいたと考えられます。

化学発がん

化学物質による発がんは、おもに「イニシエーション」と「プロモーション」の二段階で進行すると考えられています。**イニシエーション**とは、正常細胞が潜在的な腫瘍細胞に変化する段階であり、発がん物質が遺伝子のＤＮＡを損傷することに起因しています。イニシエーションを起こす化合物は、**発がんイニシエーター**とよばれています。**プロモーション**は、傷ついた潜在的な腫瘍細胞が継続的に増殖するようになる段階で、これをひき起こす化合物は**発がんプロモーター**とよばれています。

（注1）イソプレン（C_5H_8）三個からなる天然有機化合物をセスキテルペンとよぶが、それが炭素一個を失い、糖が結合したもの。

化学物質では、ヨウ化メチル、硫酸ジメチル、ジアゾメタンなどの**アルキル化**(注2)**剤**が、代表的な**発がんイニシエーター**であり、これ自身がＤＮＡと反応します。しかし、これらは非常に反応性が高いために、もし食品などに含まれていても、すぐに分解してしまいます。それに対して、天然発がん物質は生体内ではある程度の安定性をもっていますが、生体内反応（代謝活性化）によって反応性中間体（**究極発がん物質**）に変化して、それが発がんイニシエーターとして働きます。コールタールやタバコに含まれるベンゾピレンは、肝臓などで代謝されることにより活性の高い究極発がん物質に変化してＤＮＡを修飾することが知られていますし、前述のアフラトキシンも代謝により活性化することがわかっています。

ワラビ発がん物質***1***は通常の天然発がん物質とは異なり、特別な代謝活性化を必要とせず、弱アルカリ性条件にするだけで非常に不安定なワラビ究極発がん物質***2***（図13・2）に変化します（図13・3）。ワラビ究極発がん物質***2***はこのような簡単な化学反応で調製することができるので、これを用いて化学的な実験を行ったところ、生体分子（タンパク質、アミノ酸、ＤＮＡなど）をアルキル化することがわかりました。さらに、アルキル化されたＤＮＡが、徐々に切断される分子機構も明らかになりました。

ラットを用いたワラビエキスによる発がん実験では、特に回腸と膀胱にがんが発生します。回腸は胃から出てきた消化物がとどまる小腸の一部であり、胃酸を中和するためにアルカリ性の分泌液を出しています。そのために、この部分で究極発がん物質***2***が生成して、がんが発生していると考えられます。また膀胱も、尿中のワラビ発がん物質***1***が長時間とどまるために、がんが発生しやすいと考え

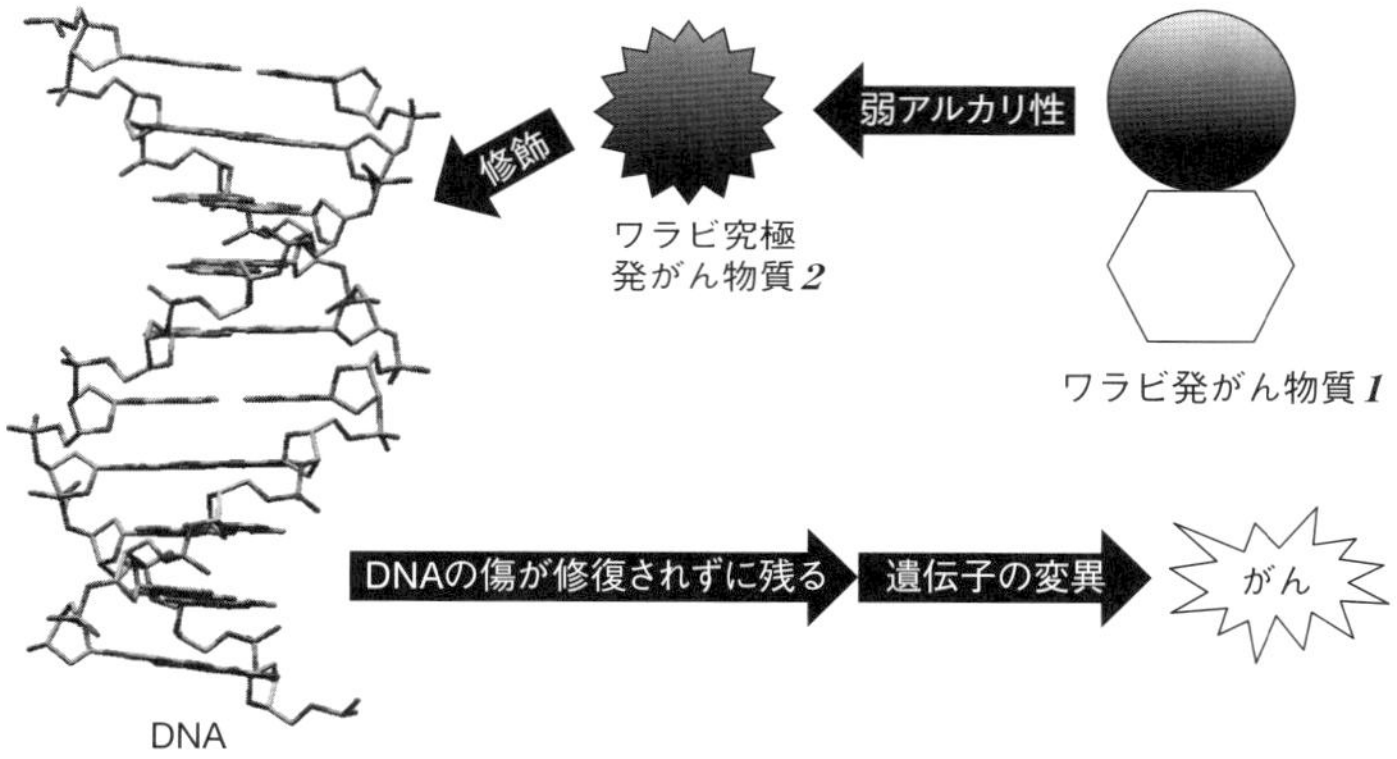

図13・3　化学発がんの機構（ワラビ発がん物質を例として）

られます。

ここまでの情報が明らかになると怖くてワラビが食べられなくなりそうですが、そんなに恐れることはありません。昔からワラビなどの山菜を料理するときには、あく抜きを行っています。ワラビ発がん物質*1*は水に溶けやすいので、これでかなりの部分が溶け出してしまいます。さらに、あく抜きの際には、昔は灰を、今は重曹（$NaHCO_3$）を加えた水を使いますが、これらにより弱アルカリ性になっています。その結果、ワラビ発がん物質*1*はすぐにきわめて不安定な究極発がん物質*2*になるので、あく抜きや料理の間に分解してしまいます。化学実験によると、ワラビ究極発がん物質*2*の半減期は、中性条件で約一〇分です。昔から行われているこのあく抜き操作にこんな意味があるとは、古人の知恵に驚かされます。

この研究がきっかけとなって、たとえばワラビを食べ

（注2）アルカン（飽和炭化水素）を結合させる反応。

た乳牛の牛乳中のワラビ発がん物質*1*の定量の研究が行われるなど、天然物化学研究が食の安全に役立ちました。

ワラビ究極発がん物質の合成

究極発がん物質*2*の反応性を調べるために、その化学合成を行いました。天然物を化学合成することは、天然物の化学反応性や生物活性をより詳しく研究するために重要な研究です。また、天然物の合成誘導体は、天然物の応用研究において重要な役割を担います。

さて、天然物の多くはアミノ酸のようにキラル(注3)であり、一方の鏡像異性体のみからなっています。ハッカの香り成分メントールの鏡像異性体はまったく異なった香りがすることや、グルタミン酸(商品名 味の素)の鏡像異性体はほとんど無味であるように、鏡像異性体の生物あるいは生体物質に対する作用は異なることが知られています。ワラビ究極発がん物質*2*も構造式に示したように(図13・2)、一方の鏡像異性体からなっていますので、化学反応によって天然にはないもう一方の鏡像異性体を合成しました。ワラビ究極発がん物質*2*の両方の鏡像異性体についてDNAに対する活性を調べたところ、天然型の方が非天然型よりも活性が高いことがわかりました。

また、天然物よりも安定で、天然物と同じようなDNAに対する反応性をもつ類縁体をつくり出すこともできました。このような化合物は、DNAを修飾する研究用試薬へと発展することが期待できます。

(注3) 像と鏡像を重ね合わすことができない立体構造をもつ化合物。

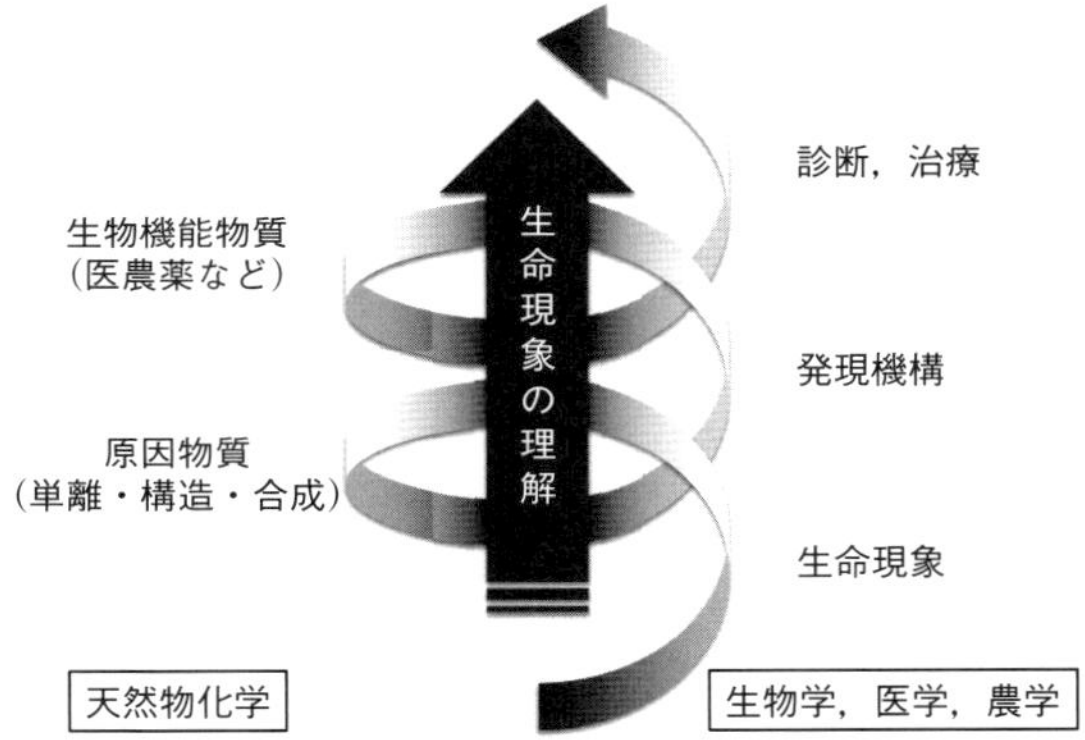

図13・4　生命現象の理解のための研究

おわりに

日本人にとってなじみの深い植物であるワラビについて、それに含まれている発がん物質の研究を紹介しました。天然物の研究は、このように、単離、構造解析、合成、生物活性機構解明へと進められています（図13・4）。最初、生物現象の観察から始まる生物学的研究から、原因物質を発見するための化学研究へと手渡されます。原因物質の研究は、化学反応性の研究から生物活性の研究となり、また生物学的研究に戻ります。その後、さらに医学的研究に進んで、いっそう深い理解が進みます。このような天然物による化学と生物の間の橋渡しによって、中毒や病気などの生命現象の機構が解明され、医農薬などの開発へとつながっています。

第14章　キノコ毒

橋本貴美子

生き物としてのキノコ

最初にキノコという生き物を少し紹介しましょう。一般的に使う〝キノコ〟は、植物でいえば花の部分に相当する器官であり、菌類では〝子実体（しじつたい）〟といういい方をします。シイタケのような食用キノコはほとんど木材腐朽菌の子実体です。木を分解して食べるため栽培が比較的容易です。一方で、樹木や苔などと共生しているマツタケのような共生菌の子実体は栽培が難しく、人工的に共生の環境をつくることは今のところできていません。普段は食品としてみることの多いキノコですが、生物としてみると少し印象が異なります。木材（おもにセルロースやリグニンでできている）を分解するだけでは、炭素、酸素、水素原子しか得られないため、必要な窒素、リン原子を得るために、菌類は他の生物を分解して食べています。よく研究されているのは線虫を食べる菌（線虫捕食菌）です。木材の中にはびこった菌糸に線虫が触れると、中から麻痺毒が出てきて、動けなくなってしまいます。その後、線虫は菌糸から出てくる酵素で溶かされて食べられてしまいます。さらに、線虫を捕らえるために、精巧な罠をつくるものもあります。また、キノコの傘の下側にはひだがあり、ここで胞子がつくられますが、この胞子の落下スピードは自然落下より少し速く、積極的に胞子を発射していることがわ

図14・1　オオシロカラカサタケ

かっています。こういう生態をみると、少しは〝生き物〟という感じがするでしょうか。

生物キノコには口がないので、先に述べたように、酵素を菌糸体外に出して餌を消化し、それを取込むという食事の仕方（体外消化）をします。このためにさまざまな**消化酵素**をもっています。酵素が菌糸だけでなく子実体にも存在するのはなぜかはよくわかりませんが、生のキノコを食べると大概われわれのお腹の中で消化酵素が働き、不具合を起こします。たとえば、直径五～六センチメートルのシイタケ一個を生で食べたとすると、下痢で一日動けないほどの状態になります。キノコは一般的に必ず加熱して食べるべき食品であるということは納得いただけるでしょう。というわけで、生で食べればすべてのキノコが毒キノコということになります。ヒトは食べ物を加熱調理して食べるという技をもっています。加熱すればほとんどの酵素は変性し不活性化されます。ところが、なかにはそううまくいかないキノコ

図14・2　ベニテングタケ

もあります。その一例は**オオシロカラカサタケ**（図14・1）です。このキノコの毒は調べてみると消化酵素の一種でしたが、かなり熱に強いものでした。熱帯性のキノコだからかどうかはわかりません。

キノコ毒の研究

一般的には、加熱して食べても中毒を起こすキノコを**毒キノコ**とよぶのが正しいかもしれません。加熱しても中毒を起こすキノコは低分子量の毒が原因であることが多いです。毒キノコといえば真っ先に思い浮かべるのは赤い大型の**ベニテングタケ**（図14・2）でしょう。このキノコを舐めた虫（ハエなど）が死ぬことを観察していた人々は、このキノコをハエトリとして使っていました。また、このキノコを食べると精神が高揚することを経験した北欧のバイキングは、このキノコを食べて戦ったとされています。こういった生物の行動から、このキノコにはある種の生理活性物質が入っていることがわかります。

一八〇〇年代に始まった原因物質研究は、数十人の化学者の挑戦を経て、およそ一〇〇年後に**ムスカリン**という物質が単離、構造決定されました。また、この物質は神経系を誤作動させるために、上記の症状が現れたことがわかりました。このキノコはシラカバのあるような高地でしかみられないことと、派手な色をしていることから、日本での中毒事故は少ないようです。実はベニテングタケはムスカリンをあまりたくさん含んでいないうえ（〇・〇〇〇二五パーセント程度）、他の毒も多種もっているため、ムスカリンのみを純粋に取出すのはたいへんな苦労であったはずです。

毒を純粋に取出す過程では、動物実験が必要となります。ベニテングタケの毒のチェックにはハエのような虫を使うことも可能であろうし、自分で少量を食べてみるということも可能です。当時、少量の試料で確実にできる実験の一つはカエルの心臓を用いる方法でした。毒成分は副交感神経系に作用するため心臓の動きが弱くなるという点に着目して、カエルの摘出心臓（摘出してもしばらくは動き続ける）にリンゲル液を送りながら、その中に抽出物を加え、心臓の動きをチェックすれば毒の有無を見分けることができます。現代では毒性試験として最初にマウスに対する毒性をみることが多く（活性の強いものや、作用機構のわからないものが多いため）、キノコの抽出物を異なる溶媒に分配して分けたり、クロマトグラフィーを使って分けては毒性をチェックするというのを繰返して、毒を純粋に取出します。物質が純粋に取出せたら、いろいろな機器分析を行って、すべての分析データに対して矛盾のない構造を導き出します。機器分析だけでは決めきれない構造の場合は、化学的に人工合成を行って決定することもあります。

ベニテングタケの毒の一つであるムスカリンは、後に中枢神経系の**アセチルコリン受容体**に作用す

表14・1　代表的な低分子毒とそれを含むキノコ，中毒症状，作用機構など

毒成分	おもな毒キノコ	症状，作用など
アクロメリン酸	ドクササコ	中枢神経系の興奮性アミノ酸受容体に作用する．
アマニタトキシン	タマゴテングタケ ドクツルタケ	タンパク質合成阻害．肝臓に対する毒性が強い．
イルジンS	ツキヨタケ	強い細胞毒性をもつ．
ウスタル酸	カキシメジ	腸管における水の再吸収阻害を起こし，下痢につながる．
コプリン	ヒトヨタケ	アルコール代謝酵素を阻害することにより，悪酔いを起こす．
2-シクロプロペンカルボン酸	ニセクロハツ	横紋筋融解を起こし，腎不全につながる．
シロシビン	ヒカゲシビレタケ	中枢神経系のセロトニン受容体に作用する．
ジロミトリン	シャグマアミガサタケ	強い肝臓毒性をもつ．
サトラトキシンH	カエンタケ	タンパク質合成阻害．
ムスカリン	ベニテングタケ シロトマヤタケ	中枢神経系のアセチルコリン受容体に作用する．

るアゴニストであることがわかり、受容体の分類にも歴史的な役目を果たしました。キノコによる中毒では嘔吐、下痢というのが一般的に想像される症状ですが、幻覚をみたり、お酒が飲めなくなったり、手足が腫れたり、筋肉が溶けたり、ひどい場合は死亡しますが、死亡原因にもいろいろあります。このような変わった中毒の原因物質を取出すために、研究者も工夫をこらし、さまざまな毒キノコの毒成分が解明されています。代表的なものを表14・1に示しました。詳細は参考文献をみてください。

観察は研究の第一歩

天然物化学は、化学物質が原因

で起こる生物現象を物質の構造と反応式で示そう！という研究分野です。ヒトが中心であるため、ヒトに対して毒性をもつ物質を一般的には〝毒〟とよんでいますが、毒性というのは相対的なものであり、毒キノコを食べている生物もいますし、ヒトの唾液が毒となる生物もいます（唾液には消化酵素が入っているため）。このような理由で、たとえば前出の線虫に対するキノコ毒の構造を決めるのも大切な研究です。さらに、キノコだってじっとしているわけではなく、線虫をおびき寄せる戦法を使っているかもしれません。よく観察していれば、その様子をみることができるかもしれません。おびき寄せている物質を突き止めるのもおもしろい研究です。このような物質群を取出して、構造を決めることができたら、将来的に役に立つ（農学、生物学、医学などに対して）研究となるでしょう。

キノコという生物は**菌類**に属し、カビや地衣も分類上は同じ範疇に入ります。**カビ**はキノコに比べて子実体が小さいだけであり、**地衣類**は菌類（おもに子嚢菌類）が藻類（シアノバクテリアや緑藻）と共生して生活している生物です。こういうわけで、カビや地衣も、キノコと同じ毒物質をつくっていることがあります。積極的にカビや地衣を食べる機会がないため、現代では食中毒はあまり起こっていないようですが、過去には、衛生上の検査が行われておらず、穀類やナッツ類に生えたカビによる中毒事故はしょっちゅう起こっていました。このように、菌類の毒を研究対象にすると、膨大な研究対象があることがわかると思います。日本には、キノコだけでもおよそ数万種が分布しているといわれていますが、このうち存在が確認されているものが三〇〇〇種、和名のついたものが二〇〇〇種ほどであり、大きな図鑑に載っているものでも一〇〇〇種ほどです。今後も新種が続々と現れるため、おもしろい生活をしているものや、変わった生理活性を示す物質をもつものが現れるはずです。奇妙な形の**冬虫夏草**は、虫から出ているキノコの一般名ですが、菌は餌となる虫の種類を決めて襲いかかり、虫の体内を食べ尽くし、菌糸でいっぱいにした後にキノコを出して（胞子をつくって）繁殖します（図14・3）。今のところ、ヒトを餌と決めた種はいないものの、もし出現したらどうしよう？と思いませんか。

図14・3　カメムシタケ
（冬虫夏草の一種）

キノコを生物としてみると、なぜこのような生活をするのか？という疑問がたくさん出てきます。それを化学で説明できたら一歩前進です。他の分野の研究者がさらにそれを応用して広げてくれるかもしれません。まずは野山へ出かけて気になる生物（キノコとは限りません）を観察してみてください。必ず、「？？？」と思うようなことが起こり、それが研究の第一歩となるはずです。

参考文献

（1）『菌類の事典』、日本菌学会編、朝倉書店（二〇一三）。
（2）『日本の毒きのこ』、長沢栄史監修、改訂増補版、学研（二〇〇九）。

第15章　動物毒の世界

北　将樹

動物由来の天然毒には、フグ毒テトロドトキシンや下痢性貝毒オカダ酸など、ユニークな構造や切れ味鋭い生物活性をもつものが多く知られています。これらの毒はそれぞれイオンチャネルやホスファターゼの特異的な阻害剤であり、薬理学や生理学におけるツールとして有用です。さらに最近、肉食巻貝の麻痺性神経毒ペプチド、ω-コノトキシンが疼痛治療薬として用いられるなど、天然毒から画期的な新薬が開発されることも期待されています。一方で、自然界には、興味深い生命現象をひき起こすにもかかわらず、その活性本体が未知のものが、依然多く存在します。名古屋大学理学部の上村大輔教授（当時）の研究室では、「未解明生物現象の化学」と題して、生態系を真摯に観察し、その現象に関わる重要な鍵物質を発見することを目指して、さまざまな生物種を対象とした研究が行われてきました。本章では動物毒に焦点をあて、ファーブル昆虫記にも登場するカリウドバチの毒、およびトガリネズミやカモノハシといった珍しい哺乳類由来の毒について紹介します。

カリウドバチの毒

ミツバチやスズメバチなど、巣をつくるハチ類は人間社会でも身近な存在であり、その毒液成分は

図15・1　ベッコウバチ *Cyphononyx dorsalis*

古くから調べられてきました。低分子量の生体アミン類をはじめ、核酸、ペプチド、タンパク質など、多数の生理活性物質が同定されています。一方で、単独性カリウドバチとよばれるハチの仲間は、集団で巣をつくらず、さまざまな昆虫の幼虫や成虫、クモ類などを狩り、獲物を麻痺させる毒液を注入し卵を産みつけて幼虫の餌とする独特の習性をもちます。麻痺が強すぎると獲物が死んで腐り、麻痺が不完全だと逃げられてしまうため、カリウドバチは確実に獲物を仕留めて運動能力を失わせる必要があります。また、ハチの種類ごとに獲物が決まっており、種特異的に働く麻痺作用物質の存在が予想されていましたが、不明のままでした。

山本剛博士（現日本マイクロバイオファーマ（株））および有本博一准教授（現東北大学大学院生命科学研究科教授）らは、単独性カリウドバチの一種、**ベッコウバチ**（図15・1）の毒に挑戦しました。ベッコウバチは雑木林や墓地など、あまり人手が入っていない環境で生息し、徘徊性のクモを捕獲します。山本らは、日中はこのハチを捕獲し、夜になると落ち葉や土穴から出てきたクモ類を採集する調査を長期間行い、必要な試料を確保しました。ついで数マイクロリットルのベッコウバチ毒液をクモに正確に注入することで、最長で四五日間、実際に麻痺させることに成功しました。

ベッコウバチは体長二～三センチメートルと小さく、毒嚢から絞り出せる毒液は、一個体あたりわずか一～二マイクロリットルでしたが、限外沪過、イオン交換クロマトグラフィーなどで分離し、活性物質としてアルギニンキナーゼ様タンパク質を同定しました。さらに、大腸菌で発現させた組換えタンパク質が、実際にクモを麻痺させることを証明しました。

アルギニンキナーゼはアミノ酸の一種であるアルギニンとアデノシン三リン酸（ATP）を結合させる酵素であり、細胞内のATP濃度バランスに直接影響します。したがって、ベッコウバチのアルギニンキナーゼは、獲物のクモにおける細胞内エネルギー輸送や貯蔵に関わるシステムに作用することで、麻痺作用を起こすと考えられています。

トガリネズミの毒

毒をもつ哺乳類はとても珍しく、トガリネズミやソレノドンなどの食虫目の仲間、およびオーストラリアに生息するカモノハシのみがもつとされています。いずれも最も原始的な哺乳類であり、哺乳類の発生や進化の過程に、毒がどのように関わってきたのか興味がもたれます。

トガリネズミは、モグラと同じ無盲腸類に属し、ミミズや昆虫などをおもな餌としています。その唾液は有毒とされ、獲物に噛み付いて麻痺させ、巣穴に貯蔵する習性があります。また基礎代謝率が高く、一日に自分と同じ体長のミミズを一〇〇匹以上も食べたという報告もあります。これらのことからトガリネズミは、効率よく獲物を捕らえ、また腐敗を防いで貯蔵するために、特異な毒を進化させたのではないか、と考えられています。

図15・2　ブラリナトガリネズミ *Blarina brevicauda*

なかでも、北米に生息するブラリナトガリネズミ（図15・2）は強い毒をもち、自分より大きなネズミやカエルも捕獲します。この唾液成分の活性として、ラットやウサギに対する血圧降下作用などが報告されていましたが、有毒成分は不明のままでした。

筆者らは米国ミシガン大学の附属演習林施設UM Biological Stationなどにて、生態学、遺伝学などさまざまな研究者の協力を得てトガリネズミの捕獲を試みました。当初は苦労しましたが、調査区域やトラップ設置方法、オートミールやレバーペーストなど、罠に設置する餌などを工夫して、野生のブラリナトガリネズミを五〇頭以上捕獲することができました。この顎下腺を生理食塩水で抽出したものは、マウスに対して後脚の麻痺、呼吸困難、および致死直前の激しい痙攣といった特徴的な神経毒症状をひき起こしました。ゲル沪過および陰イオン交換カラムクロマトグラフィーにより致死毒ブラリナトキシンを単離し、その構造を二五三個のアミノ酸残基からなる、組織性カリクレインに似たプロテアーゼ（タンパク質加水分解酵素）と決定しました（章末文献1）。この毒成分が不安定だったのは、凍結と解凍を繰返すことでタンパク質の折りたたみ構造が保持されなくなる（変性する）こと、および酵素自身の活性により自己分解することが原因でした。ブラリナトキシンは、哺乳類由来で初めて構造や機能が明らかになった毒であり、血圧降下剤や、炎症・血液凝固系における研究ツールなどとしての応用が期待されます。

カモノハシの毒

カモノハシ（図15・3）は、くちばしや水掻きをもち、卵を産んで乳で子供を育てることから、哺乳類、爬虫類、鳥類の形質をあわせもつとてもユニークな動物です。体長は四〇～六〇センチメートルほどで、毒は雄のみがもち、後ろ脚の付け根にある蹴爪（けづめ）を使って相手に毒を注入し、ヒトが刺されると強烈な痛みをひき起こします。しかしながら、この痛みをひき起こす成分はこれまで同定されていませんでした。

シドニーのタロンガ動物園や、ニューサウスウェールズ大学の協力を得て、麻酔をかけたカモノハシから新鮮な毒液を採取できました。この毒液からC型ナトリウム利尿ペプチド（CNP）の一部分であるヘプタペプチドなど、一一種の新物質を発見し、これらが痛み伝達に関係するイオンチャネルや受容体に高い親和性を示すことを見いだしました（章末文献2）。

奇しくも、私たちが上述の神経毒ペプチドを同定したほぼ同時期に、カモノハシの全ゲノム情報が

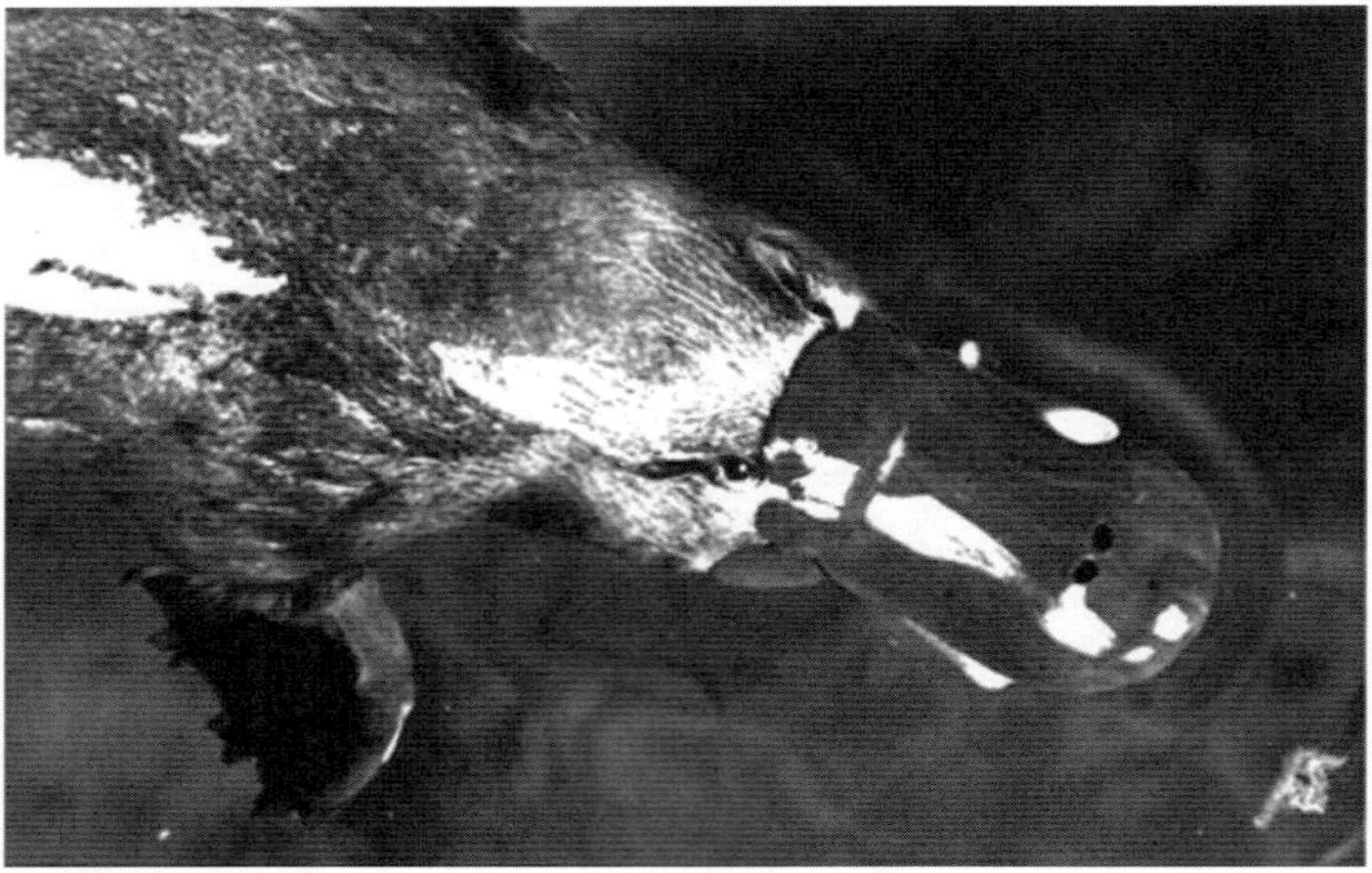

図15・3　カモノハシ *Ornithorhynchus anatinus*

解読され、毒嚢で発現する八〇種類以上のタンパク質が同定されました。よって、カモノハシ毒液に含まれる神経毒ペプチドは、この動物自身の組織でつくられることが明らかになりました。また、カモノハシ毒液に含まれる複数の成分が、前駆体ペプチドを活性化させるなど、相乗的に働くことで、多様な活性物質が生産される可能性も示されました。

動物の世界においても、熱帯・亜熱帯地域を中心としていまだ発見されていない種や、食性や生態がよくわかってない種が多く存在します。また同じ動物種でも、食物連鎖や、環境微生物との共生・寄生関係などを介してさまざまな化学物質を獲得する場合もあります。このような生物多様性は、毒の研究分野からみてもたいへん魅力的です。今後もユニークな生態をもつ動物から、ゾクゾクするようなおもしろい活性を示す天然物が、多数発見されることを願ってやみません。

参考文献

（1）北将樹、「トガリネズミ、カモノハシ毒の謎に迫る——哺乳類のもつ毒の科学」、『ビオフィリア』、5, 29～33 (2009).
（2）北将樹、「カモノハシの毒」、『現代化学』、No. 531, 6月号, p.26 (2015).

第16章　フェアリーリング――妖精の輪

河岸洋和

フェアリーリング（妖精の輪）との出会い

この研究は私の個人的な経験から始まりました。

私は最近まで静岡大学キャンパス内の職員用のアパートに住んでいました。一〇年ほど前、そのアパートの裏庭で芝が弓状にくっきりと色濃くなっていることに気付きました。最初は誰かがいたずらでペンキでも塗ったのではないかと思いました。しかし、その翌年、その弓が少し大きくなり、周りより繁茂し、さらにキノコが現れたのです。調べてみると、このキノコは食用の**コムラサキシメジ** *Lepista sordida* でした。そして、この現象は「フェアリーリング（fairy ring）」として知られていました。

フェアリーリングとは、公園やゴルフ場などの芝が周囲の芝よりも輪状に色濃く繁茂し、ときには逆に輪状に生育が抑制され、のちにキノコが発生することもある現象のことです。私が見つけた芝の繁茂は、裏庭の面積が小さかったため、輪にはなれず弧を描いていました（図16・1）。西洋の伝説では、妖精（fairy）が輪をつくり、その中で踊ると伝えられています（図16・2）。一八八四年のネイチャー誌に紹介されて以来、なぜ、このような輪状に芝が周囲より色濃く繁茂するのかはミステリー

図 16・1　フェアリーリング　静岡大学キャンパスに現れたフェアリーリング（矢印で示した部分）

でした。しかし、この現象の原因には一応の定説はあり、それは「フェアリーリングを形成する菌が土中のタンパク質を硝酸や亜硝酸、つまり窒素肥料に変え、植物の生長が早くなる」というものでした。しかし、私はこの定説に疑問をもち、「キノコが特別な物質をつくって、芝の生長を促しているに違いない」と考えたのです。そして、その妖精（**芝生長促進物質**）を見つける研究を開始しました。

フェアリーリングをつくる菌は世界中で六〇種類ほど知られています。私が芝で見つけたコムラサキシメジは美味なキノコとして知られており、私はキノコ汁にして食べました。しかし、調理をしてくれた妻そして子供たちは、私のキノコ鑑定眼を疑い一切口にしませんでした。妻には「それは毒キノコじゃないの？しかも、馬術部の馬がそこでおしっこをしていたわよ。」といわれました。また、同じ宿舎の住人たちは、芝生に這いつくばりキノコを観察し採取している私を怪しそうに見、それを食べたことを知って驚いていたと妻がいっていました。ちな

図16・2　輪状に色濃く繁茂したフェアリーリング（http://en.wikipedia.org/wiki/File: Hexenring_auf_einer_Wiese,_Sperrberg,_Niedergailbach.JPG）.

みに私は静岡大学馬術部の部長です。

私はキノコに関する天然物化学的研究を二〇年続けていましたが、不覚にも、フェアリーリングという言葉は何となく知っていても、キノコと関連づけてはいませんでした。

妖精の正体は？

妖精を見つけるために、コムラサキシメジの液体培養を行いました。それを培養液と菌体に分けました。そして、シャーレの中に敷いた沪紙にサンプルを染みこませ、その上に発芽したシバを置き観察しました。その結果、培養液にシバの根と地上部の生長を促進させる活性を見いだしました。その培養液には数え切れない物質が含まれています。シャーレでの活性を指標にさまざまな分離方法を駆使して、ついに、妖精（シバ生長促進物質）、2-アザヒポキサンチン（AHX）、を精製することに成功しました（図16・3）。そして、生長促進メカニズムを検討し、「AHXは、植物にさまざまなストレス

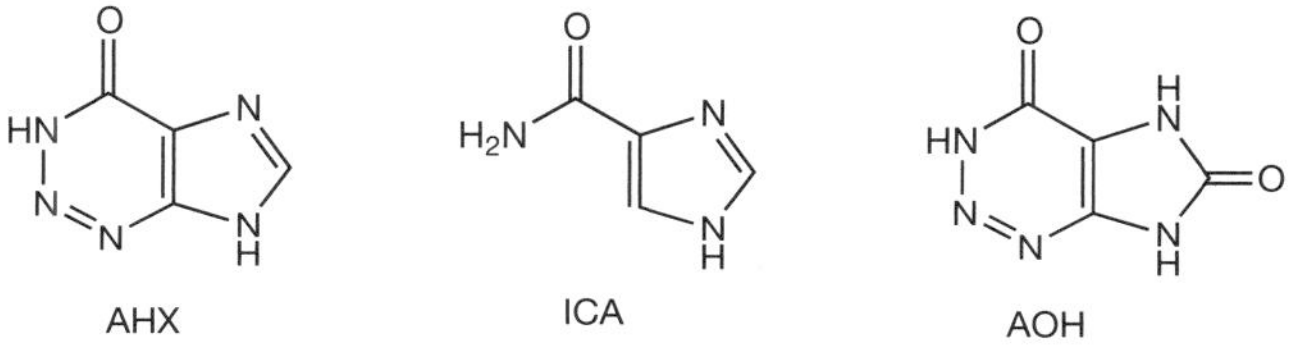

図16・3　フェアリー化合物の構造

（高温、低温、塩、乾燥など）に対する耐性を与え、結果的に生長を促す」と結論しました。

フェアリーリングは、前述のようにときとして生長が抑制された輪になることがあります（私の見つけたフェアリーリングでは生長抑制は観察されませんでしたが）。そこで、同様の方法で生長抑制物質、イミダゾール-4-カルボキサミド（ＩＣＡ）、を得ることに成功しました（図16・3）。さらに、ＡＨＸは植物に取込まれるとすぐに別の化合物、2-アザ-8-オキソヒポキサンチン（ＡＯＨ）、に変換され、ＡＯＨはＡＨＸと同様に生長促進活性を示しました。私たちはこれら三つの化合物を、私たちの研究を紹介したネイチャー誌での題名に因んで、フェアリー化合物（fairy chemicals）と名付けました（図16・3）。

フェアリー化合物は新しい植物ホルモン？

フェアリー化合物は試したすべての植物の生長を制御しました。そこで、私は、「フェアリー化合物は植物自身もつくっているのでは？」と考えました。そして、調べたすべての植物中にこれらの内生を証明しました。たとえば、三大穀物である米、小麦、トウモロコシの可食部やジャガイモにも含まれており、人々は毎日、フェアリー化合物を食べているのです。私は、フェアリー化合物の植物における普遍的な微量な存在やあらゆる植物に対する生長調節活性から、これらが新しい「植物ホルモン」であると考え、現在それを証明すべく研究を行っています。

フェアリー化合物で作物増産！

フェアリー化合物は、米、小麦などの穀物や野菜類の収量を大幅に増加させることが、静岡大学農学部の附属農場の田や畑での実験で証明されています。これらの化合物は、低温、高温、塩、乾燥などの悪条件件でさらに効果を発揮します。したがって、悪天候でも一定の高収量を維持し、低温、高温、乾燥などによって耕作には適さない地域、国での農業の幅を広げられる可能性ももっています。また、濃度管理が比較的簡単な植物工場での使用にも適しているでしょう。現在、実用化に向けてのさらなる栽培実験などを静岡大学の附属農場で行っています。また、国内外の民間企業も開発研究を行っています。実は、私は家庭菜園が趣味でいろいろな野菜をつくっていますが、自宅のささやかな菜園ではフェアリー化合物はすでに数年前から「実用化」されており、極めて品質がよく大きな野菜が収穫されていますし、妻が担当の花壇でも効果を発揮しています（比較する無処理区がなく、「眉唾物（まゆつばもの）」と思われるでしょうが）。

今後の天然物化学研究の行方は？

以上述べた内容は、科学研究費や農林水産省からの研究費によって、大学の研究としては基礎から実践までという比較的広範囲かつ大規模で行われている研究の成果です。私自身の偶然の小さな経験がこの大きな研究につながりました。現在、フェアリー化合物の生合成経路や代謝経路、活性発現機構解明などの詳細な研究を何人かの研究者との共同で進めています。

多くの生物の全ゲノム情報が判明していますが、生命現象を直接制御しているのは小さな分子です。その小さな分子が明らかになって初めてその設計図（ゲノム情報）が意味をもつのです。そのような分子を探す天然物化学研究は、きわめて地道なものですが決して廃れてはならない学問なのです。自然界には、分子レベルではいまだ解明されていない現象が数多残っています。私の興味はそこにあり（そこにしかなく）、現在、いくつかの未解明自然現象に挑戦しています。自然界では、多くの小さな分子が今も発見を待っているのです。

参考文献

（1）河岸洋和、「『フェアリーリング』の化学と『フェアリー化合物』の植物成長調剤としての可能性」、『化学と生物』、**52**（10），665～670（2014）．
（2）河岸洋和、「フェアリーリングの妖精の正体解明とその後の展開」、『現代化学』、No. 531，6月号，p.31（2015）．

第17章　ペニシリンの発見

村田道雄

はじめに

細菌に感染すると、かぜを引いたりしますが、この細菌を殺す薬に**ペニシリン**という**抗生物質**があります（図17・1）。ペニシリンは、カビ（*Penicillium*属糸状菌）が生産する特異な化学構造をもつ化合物の総称です。ペニシリンは、第二次世界大戦中に登場しましたが、戦争のために敗血症や淋病などの重い感染症にかかった患者に劇的な効果を示し何万人という人命を救ったといわれています。その後、ペニシリンの基本構造である**β-ラクタム**環（四員環環状アミド）を共有する薬が続々と開発され、現在でもペニシリンとその類縁体は最も重要な抗生物質の一つです。また、ペニシリンの発見以前の天然物由来の医薬は、大部分が植物に由来するものでありましたが、この発見以降は微生物の代謝産物が注目され、放線菌をはじめとする生物種に対して大規模な化合物の探索が行われました。この章では、奇跡の薬ペニシリンについて化学的・生物学的な研究がどのように行われてきたかを振り返ってみます。

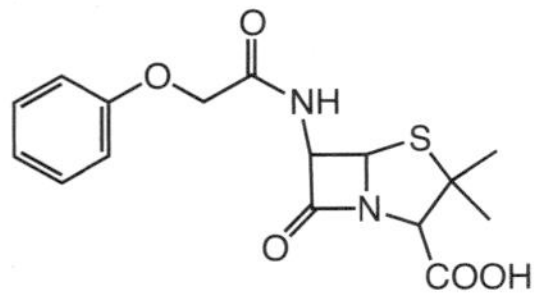

図17・1　ペニシリンV

発見の歴史

徳川家康の背中に合戦での傷が原因となって大きな腫れ物ができてしまい、命が危ぶまれる状態に至ったといいます。このときに、土団子に生えたアオカビを腫れ物に塗って九死に一生を得たという話が伝わっていますが、もし本当ならば家康は、四〇〇年前にすでに抗生物質による治療を受けていたことになります。もちろん、その抗生物質はペニシリンであったに違いないと思います。

有名な**フレミング**（A. Fleming）博士（図17・2）によるペニシリン発見にまつわる逸話の真偽のほどはともかく、幸運な偶然がきっかけとなったことは間違いなさそうです。フレミング氏自身、発見の経緯を以下のように語っています。

『ブドウ球菌属変異株の研究のため、私は数多くの培養皿を実験台の脇に並べ、時折調べていた。この実験では培養皿を空気に暴露する必要があったが、そのために各種の微生物で汚染された。ある日私は汚染カビの大きなコロニーのまわりでブドウ球菌コロニー群が透明になり、明らかに溶解作用を受けていることに気がついた。早速この汚染カビの二次培養を行った。そして、このカビに溶菌作用があるかどうかを調べた。その結果、1～2週間室温でカビを増殖させた培養液には、多くの病原菌に対して顕著な抑制性、殺菌性、溶菌性

図17・2　フレミングの写真

があることを発見したのである（ジョン・シーハン著「ペニシリン開発秘話」（章末文献1）より）。』

フレミング氏はこれより前にリゾチームの研究などを通じて、菌の繁殖を抑える物質の研究を長年続けていたので、普段見過ごしがちな失敗実験のなかのヒントを発見に結びつけることができたのでしょう。ペニシリンは、その後十数年を経て医薬品としての価値が確立されましたが、それにはフローリー（H. W. Florey）博士らによる初期の生物試験や臨床試験が重要な役割を果たしました。有用な天然物の発見と開発の背後には、常に大勢の研究者や医者の英知と努力が隠されているものです。ペニシリンの化学構造は、チェーン（E. B. Chain）博士やホジキン（D. Hodgkin）博士らの努力によって一九四五年ごろようやく決着をみました。この一見簡単な構造を決めるのに、現在では考えられないほど膨大な時間と労力が費やされましたが、以下に構造決定の経緯を簡単に振り返ってみましょう。

ペニシリンの構造決定

当時の構造決定は、今では普通に使っている分析法がまだ実用化されていなかったので、多くの手間と時間を要しました。それだけに化学者の知的好奇心を駆りたてる魅力的な研究テーマであったのも事実です。化学反応によって得られた分解物の構造と元素分析から推定される分子式を手がかりに可能な構造を絞り込み、そのなかから妥当なものを実験の積み重ねによって見つけ出していくというやり方ですが、それには、まず、純粋な試料を手に入れなければなりません。当時は、金属塩をつくって結晶化するのが高純度の試料を入手する唯一の手段でした。この試料を用いて元素分析が行われたのですが、当初は硫黄の存在が見過ごされていたために分子式がなかなかわかりませんでした。その後、分解物のペニシラミンの結晶が得られるようになって、硫黄の存在が明らかとなり分子式が確定しました。幾多の分解反応の結果、ペニシリンを弱アルカリ性にすることによって得られるペニシロ酸とよばれる分解物が得られるようになり、この構造がまず決定されました。それをもとに、最終的に二つの構造式がペニシリンの候補として残りました。ペニシロ酸は、単にペニシリンのβ-ラクタム環が加水分解されただけのもので、この構造が得られたときは誰しもが構造はすぐに決定すると思いましたが、ここで意外に手間取ることになります。その理由は、ペニシロ酸を与える可能性のある候補として、正解のβ-ラクタム構造以外にオキサゾロン構造（図17・3）が考えられたからです。誰もみたことがなかった四角形を含むβ-ラクタム構造は、あまり支持を得られなかったようです。一方、オキサゾロン構造は、ペニシロ酸などの分解物生成機構についても説明可能な構造であり、かつ、当時化学の大御所がこ

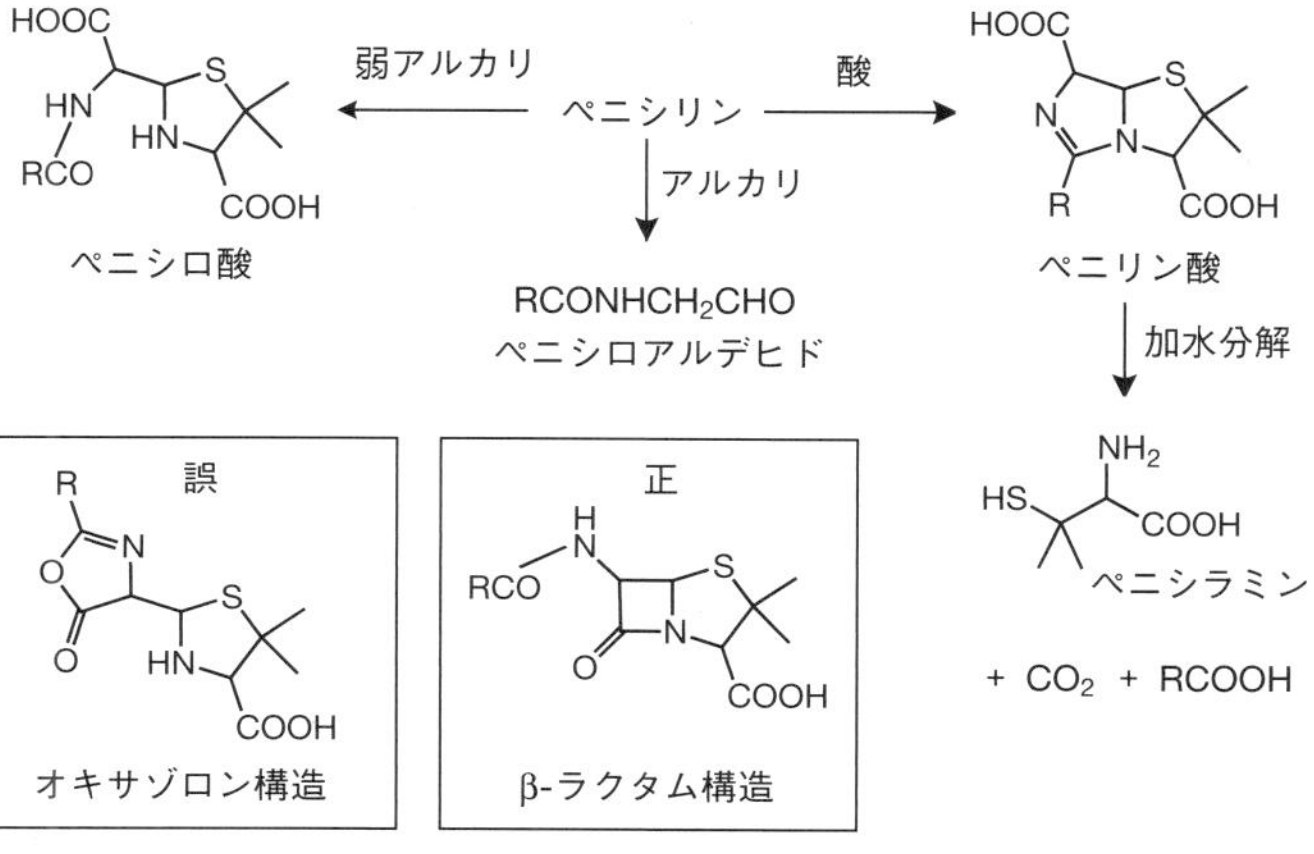

図17・3　ペニシリンの分解物の構造と初期に提出された推定構造

の構造を支持していました。

この問題に決着をつけるためには、さらなる実験が必要となりました。オキサゾロン構造だと、右の環の窒素が塩基性をもたなければなりません（β-ラクタム構造では両窒素ともアミド結合を形成しているので塩基性はありません）。ペニシリンに塩基性があるかどうかが電位差滴定法で調べられた結果、塩基は検出されませんでした。とどめは、当時の最先端テクノロジーであった結晶X線解析であり、ホジキン博士の得た回折像はβ-ラクタム構造を明確に支持していました。

ペニシリンの合成

米国では、世界戦争に備えるだけの十分量のペニシリンを調達するために、国家プロジェクトとして発酵生産の工業化や化学合成が推進されました。しかし、合成の方は、間違った構造から出発したことや、加水分解を受けやすいβ-ラクタム構造のために難航しました。発酵による生産については、フレミングが発見した菌 *Penicillium notatum* は生産力の点で問題がありましたが、その後、イリノイ州の市場のメロンに生えていた青カビ *Penicillium chrysogenum* がより多くのペニシリンを生産することがわかりました。ペニシリンGは、同族体のなかでも効果が高く、また、化学的に安定なペニシリンですが、基本構造にフェニル酢酸が結合した構造をもっています。このフェニル酢酸の生合成がペニシリンGの生産のネックになっていたので、培地にフェニル酢酸を添加してみたところ、なんと生産量が十倍以上に跳ね上がりました。このようにして、おもに米国製薬企業の努力によって、ペニシリンの生産効率は当初の数万倍にも達し、医薬品として大量に供給できる体制が整ったのでした。

作用機構

ペニシリンの選択毒性は非常に顕著で、グラム陽性菌に対する有効濃度の数百倍でも人体には影響がありません。なぜ、このような毒性の違いが現れるのでしょうか。細菌の細胞表層には、ヒトには存在しない細胞壁とよばれる強固なバリアーがあり、このなかには**ペプチドグリカン**とよばれる糖とペプチドが架橋した独特のポリマー構造が含まれています。細菌は、硬い殻をもつことによって浸透圧などの環境が変わっても対応できるようになっているので、この殻は細菌にとっては大切なものでこれがないと一時たりとも生きていけません。ペプチドグリカンは、二種類の糖が交互につながった糖鎖（図17・4a）がさらにペプチドで架橋されており、みるからに頑丈そうな構造をしています。このペプチド架橋は、*N*-アセチルムラミン酸（NAM）から伸びたペプチド末端のD-アラニン部分を除去し、となりの鎖のグリシンを結合する酵素（D-Dペプチダーゼ）によって形成されます（図17・4b）が、ペニシリンはこの架橋反応を阻害します。図17・5(a)に示したように、正常の架橋反応では、いったん酵素活性中心のセリンのヒドロキシ基に、D-アラニンの脱離と同時にエステル結合が形成され、その後、活性中心に入ってきたグリシンのアミノ基がエステルを攻撃して架橋ペプチドが形成されます。ところが、ペニシリンの立体構造は図17・6に示すように、このD-アラニン-D-アラニン部分に非常に似ています。したがって、ペニシリンが酵素活性中心にはまり込むと、酵素はペニシリンと共有結合してしまい、酵素の架橋形成機能は永久に失われてしまうのです（図17・5b）。これによって、細菌は丈夫な細胞壁を形成することができず、死んでしまいます。

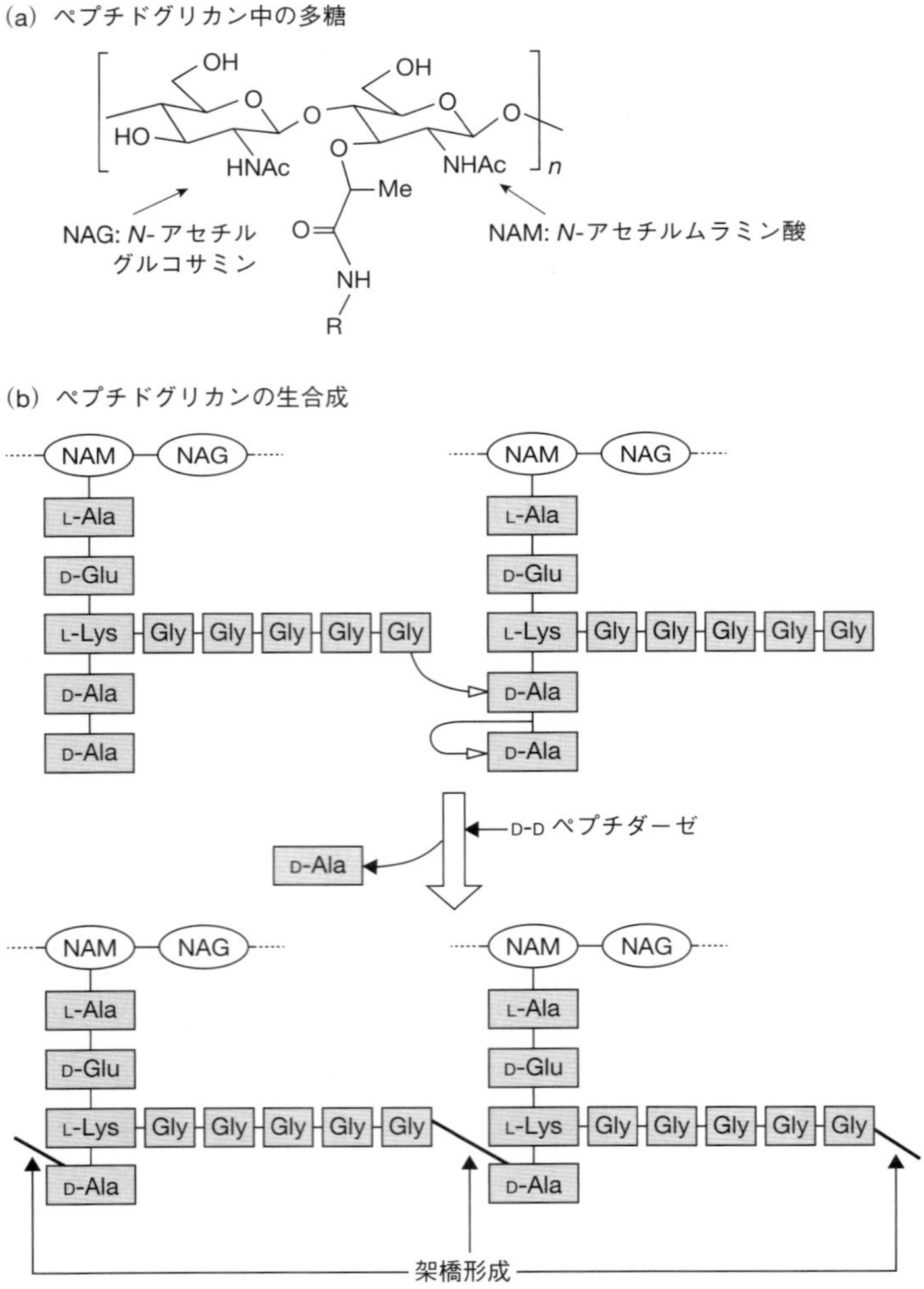

図 17・4　ペプチドグリカンの生合成　ペプチドグリカンは多糖とペプチドが網目構造をとった丈夫なポリマーである.

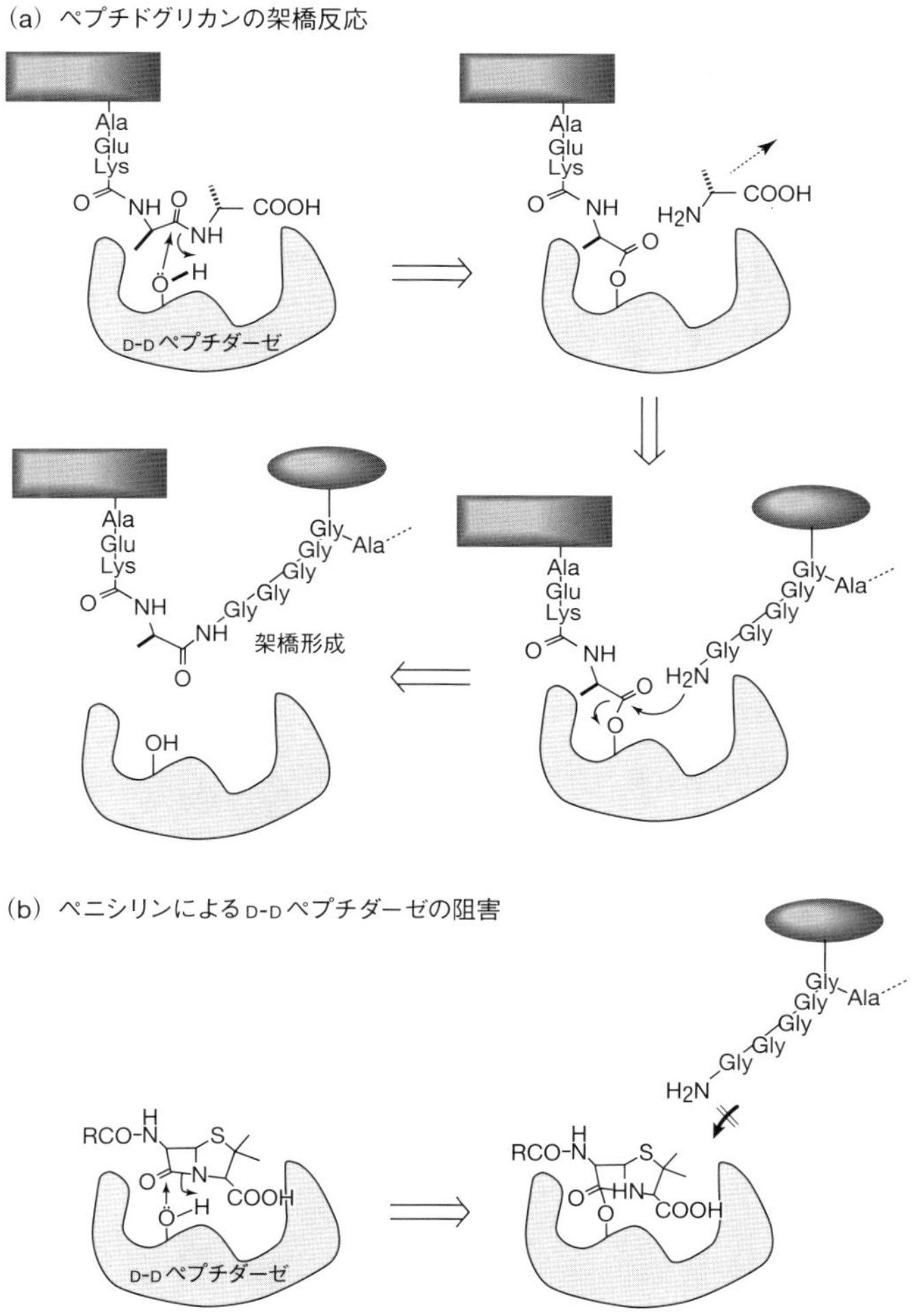

図 17・5　ペニシリンの作用機構　(a) ペプチドグリカンの生合成における架橋反応，(b) ペニシリンによる D–D ペプチダーゼの阻害.

耐性菌の問題

最近、抗生物質が効かない病原菌が大問題となっています。悪名高い**MRSA**は実は**メチシリン耐性黄色ブドウ球菌**の略であって、ペニシリンの一種であるメチシリンが効かない菌のことを意味します。病院の院内感染などで抵抗力が落ちた患者には、しばしば致死的な感染症をひき起こします。**薬剤耐性菌**の出現は困った問題ですが、抗生物質の使用が始まったときから予想されていました。微生物は個体数が多いので、突然変異による性質の変化が容易に起こります。人間は抗生物質を使って突然変異が起こって耐性菌ができるのを手伝っているということになります。ペニシリンの場合でも、前出の細菌D－Dペプチダーゼの結合部位に結合することによって、選択毒性を発揮できるのですが、この結合ポケットの形が変異した株が現れればペニシリンは効かなくなります。また、微生物はペニシリンをあらかじめ加水分解して無毒化する酵素（ペニシリナーゼ）をつくるようにもなりました。

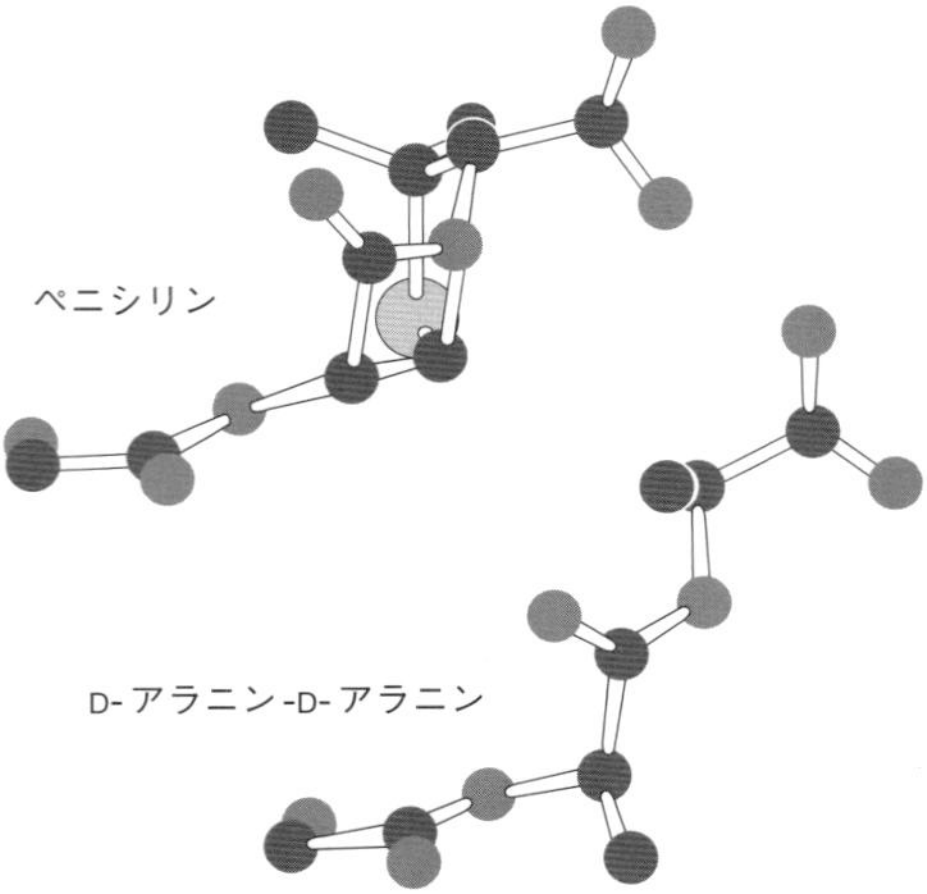

図17・6　ペニシリンとD-アラニン-D-アラニンの立体構造の類似性

抗生物質はいずれ耐性菌が現れて効かなくなる運命にあるといっても過言ではありません。一方で、比較的耐性菌が現れにくい抗生物質もあります。**バンコマイシン**はその代表例でしょう。バンコマイシンもペニシリンと同様に細菌の細胞壁であるペプチドグリカンの生合成を阻害する働きがありますが、ペプチドグリカンに結合したD-アラニン-D-アラニン部分に特異的に結合し架橋反応を妨害することによって殺菌力を示します。すなわち、酵素などのタンパク質ではなく細胞壁の前駆体そのものに結合するので、遺伝子の変異でタンパク質の構造を変えることによって耐性を獲得できないため耐性菌が出現しにくいと考えられていました。しかし、この最後の切り札に対してもVRE（注1）やVRSA（注2）とよばれる耐性を示す細菌が現れました。この菌では、D-アラニン-D-アラニンに代わってD-アラニン-D-乳酸（もしくはD-セリン）が末端に結合しており、バンコマイシンが結合できなくなっています。細菌と人間の知恵比べはしばらく続きそうです。

（注1）バンコマイシン耐性腸球菌。
（注2）バンコマイシン耐性黄色ブドウ球菌。

参考文献

（1）John Seehan著、住田俊雄訳、『ペニシリン開発秘話』、草思社（一九九四）。
（2）Gwyn Macfarlane著、北村二朗訳、『奇跡の薬』、平凡社（一九九〇）。
（3）平山令明著、『分子レベルで見た薬の働き』、ブルーバックス、講談社（一九九七）。

第18章　抗生物質

長田裕之

二〇一五年のノーベル生理学・医学賞が、寄生虫、マラリア原虫の感染症治療薬開発に貢献した三研究者（W. C. Campbell、大村智、Y. Tu）に授与されました。キャンベル博士と大村博士らによって単離された抗寄生虫薬**アベルメクチン**は、放線菌が生産して、線虫類に対して生育を阻害する抗生物質の一種です。本章では、微生物が生産する生物活性物質（広い意味での抗生物質）の研究について解説します。そのため、天然物化学に関する内容に限定して、動物実験や臨床試験については言及しません。

抗生物質とは

二種類の微生物を同じ培地に培養した場合、一方の微生物が他方の微生物の生育を抑制する拮抗現象は、パスツールの時代（一八七七年）から知られていましたが、その拮抗現象を化学的に説明したのがワクスマン（一九五二年ノーベル生理学・医学賞受賞）です。**ストレプトマイシン**を発見したワクスマンは、一方の微生物が他方の微生物の生育を抑制するために生産する物質を**抗生物質**とよぶことを提唱しました（一九四一年）。

表18・1　おもな微生物代謝産物の発見

論文発表年	おもな発見者	抗生物質の発見	生　産　菌
1928	A. フレミング（英）	抗菌剤ペニシリン	*Penicillium notatum*
1944	S. A. ワクスマン（米）	抗結核剤ストレプトマイシン	*Streptomyces griseus*
1953	E. P. アブラハム（英）	抗菌剤セファロスポリンC	*Cepharosporium acremonium*
1952	J. M. マクグアイア（米）	抗菌剤エリスロマイシン	*Streptomyces erythraus*
1956	秦 藤樹（北里研究所）	抗腫瘍剤マイトマイシンC	*Streptomyces caespitosus*
1957	梅澤 濱夫（微生物化学研究所）	抗結核剤カナマイシン	*Streptomyces kanamyceticus*
1963	A. ディ・マルコ（伊）	抗腫瘍剤ダウノルビシン	*Streptomyces peuceticus*
1965	鈴木 三郎（理化学研究所）	農業用抗真菌剤ポリオキシン	*Streptomyces cacaoi*
1965	梅澤 濱夫（微生物化学研究所）	農業用抗菌剤カスガマイシン	*Streptomyces kasugaensis*
1966	梅澤 濱夫（微生物化学研究所）	抗腫瘍剤ブレオマイシン	*Streptomyces verticillus*
1971	高月 昭（東京大学）	抗ウイルス剤ツニカマイシン	*Streptomyces lysosperificus*
1976	遠藤 章（三共）	コレステロール低下剤ML 236	*Penicillium citrinum*
1979	R. W. バーグ（米） 大村 智（北里研究所）	抗寄生虫剤アベルメクチン	*Streptomyces avermitilis*
1976	A. G. ブラウン（米）	抗真菌剤コンパクチン	*Penicillium brevicompactum*
1986	梅澤 濱夫（微生物化学研究所）	チロシンキナーゼ阻害剤アーブスタチン	*Streptomyces* sp.
1987	木野 亨（藤沢薬品工業）	免疫抑制剤FK506	*Streptomyces tsukubaeusis*
1991	大村 智（北里研究所）	神経分化誘導剤ラクタシスチン	*Streptomyces lactacystinaeus*

初期に開発された抗生物質は、ワクスマンの定義どおりの抗菌物質で、カビ類が生産するペニシリン、セファロスポリン、放線菌が生産するストレプトマイシン、エリスロマイシン、カナマイシンなどがあります（表18・1も参照）。これらは、細菌感染症の治療薬として用いられていますが、テトラサイクリンやクロラムフェニコールは、細菌だけでなくスピロヘータやリケッチアなどにも有効です。その後、動物や植物の発育または機能を阻止する物質や、酵素阻害剤も微生物から単離されています。抗がん剤（アクチノマイシンD、ダウノマイシン）、抗原虫剤（アベルメクチン）、免疫抑制剤（シクロスポリン、FK506）、コレステロール合成阻害剤（メバロチン、プラバスタチン）などが医薬として開発されています。現在までに五〇〇〇種以上の生物活性微生物代謝産物（酵素阻害剤などを含む広い意味での抗生物質）が発見され、一五〇種類以上が実際に医薬、農薬として用いられています。

日本では抗生物質の探索研究が盛んであり、抗腫瘍剤（マイトマイシンC、ブレオマイシンなど）や農薬（ブラストサイジンS、カスガマイシン、ポリオキシンなど）の開発は世界の先陣を切って行われました。こうした日本の強みが、今回の大村博士のノーベル賞受賞につながっているのではないでしょうか。

医薬農薬としての実用化には至っていませんが、その選択的な作用機序から生化学研究の重要な試薬（バイオプローブ）として用いられているものも多数あります。例として、糖鎖合成阻害剤（ツニカマイシン）、タンパク質リン酸化酵素阻害剤（スタウロスポリン）、プロテアソーム阻害剤（ラクタシスチン）などがあげられます。

生産菌とスクリーニング系の重要性

抗生物質の生産菌の多くは放線菌と糸状菌で、土壌から分離されています（以下、図18・1も合わせてご覧ください）。通常の土壌一グラム中には、約一億個の細菌、約一〇〇〇万個の放線菌、約一〇〇万個の糸状菌が生息するといわれています。各地から土壌を集め、適当な培地の寒天平板培養によって菌を分離します（図18・1①）。つづいて、分離菌が目的とする生物活性物質をつくっているかどうか生物活性を評価します。多数の菌抽出物を生物活性評価にかけて、目的の生産菌（あるいは物質）を選ぶ作業を**スクリーニング**といいます。最近は、スクリーニングロボットを導入して多数のサンプルを自動的に生物活性評価する**ハイスループットスクリーニング**が主流となっています。

酵素阻害剤や受容体に対する拮抗物質を見いだすためには、ロボットを活用してマルチウエルプレート（九六穴や三八四穴）で活性を測定するハイスループットスクリーニングが適しています（図18・1③）。酵素反応の進行を呈色または蛍光強度で検出できるように工夫して、微生物培養液中に含まれる酵素阻害活性を測定します。

新規化合物の発見には、その化合物の源となる微生物が必要です。珍しい微生物は、他の微生物と異なった化合物をつくっているだろうという期待があるので、珍しい微生物を単離するために研究者はさまざまな工夫をしています。

さらに、治したい病気に効く化合物を見いだすための生物活性評価系の工夫も重要です。欲しい化合物を的確に見いだすためのスクリーニング系を構築することが、新規化合物の発見につながるのです。

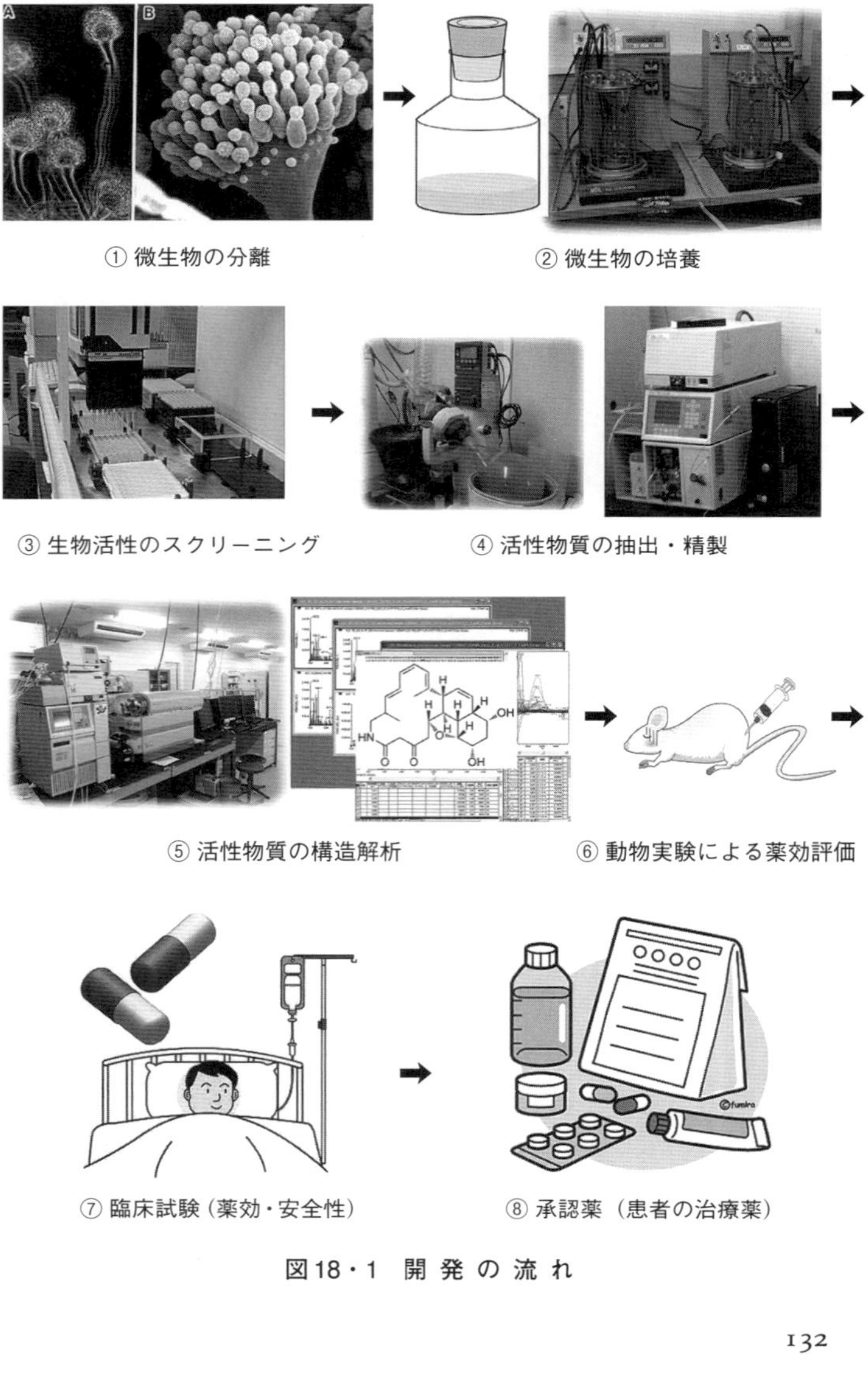
A
B
① 微生物の分離
② 微生物の培養
③ 生物活性のスクリーニング
④ 活性物質の抽出・精製
HN
OH
O
⑤ 活性物質の構造解析
⑥ 動物実験による薬効評価
⑦ 臨床試験（薬効・安全性）
©fumira
⑧ 承認薬（患者の治療薬）

図18・1　開発の流れ

微生物代謝産物から抗がん剤を探す

ヒトの細胞と細菌とでは、細胞壁や細胞内小器官の構造が異なっているので、DNA合成やタンパク質合成などの生化学反応に関わる酵素にも違いがあります。抗生物質の多くは、その差異を標的としているので優れた**選択毒性**を発揮します。

一方、がん細胞は自分自身の細胞が変化したものなので、がん細胞と宿主細胞に際立った違いを見つけることは困難です。これまでに臨床で用いられている抗がん剤には、細胞増殖の速いがん細胞を殺す薬、すなわち殺細胞活性が強いものが多かったので、宿主の中で細胞増殖が活発な正常細胞にも悪影響が出てしまうことがありました。従来型の抗がん剤の副作用として、脱毛が知られていますが、これも細胞分裂が盛んな毛母細胞が抗がん剤で死んだ結果起こるのです。

一九八〇年代から、がん細胞で活性化されている遺伝子（**がん遺伝子**）の研究が大きく進んで、新しい抗がん剤（**がん分子標的治療薬**）の開発が可能になってきました。最初にがん遺伝子産物の研究が興隆したのは米国ですが、がん遺伝子産物（最初は**チロシンキナーゼ**というリン酸化酵素）の阻害剤を微生物から単離する研究は、当初、日本が世界を牽引しました。微生物化学研究所の梅澤濱夫博士らが、世界に先駆けてハービマイシンやアーブスタチンなどのチロシンキナーゼ阻害剤を放線菌から見いだしました（表18・1）。ハービマイシンは、もともと除草剤を探そうとしていた大村博士らが単離していたものですが、梅澤博士らが新しいスクリーニングでチロシンキナーゼ阻害剤として再発見したのです。

当時、チロシンキナーゼが抗がん剤の標的になりそうだと知った多くの製薬会社が、チロシンキナーゼ阻害剤の化学合成を始めました。酵素阻害剤の合成戦略として一般的なのは、基質アナログをつくることです。ＡＴＰの化学構造にヒントを得て分子をデザインしたり、タンパク質の触媒ポケットにフィットする阻害剤を設計したりして、さまざまなキナーゼ阻害剤を開発しています。一方、微生物産物からも、アーブスタチンのような基質アナログが見いだされています。

抗生物質学のすすめ

日本では、antibioticsを抗生物質と翻訳してきましたが、抗生物質の研究は、微生物学、有機化学、生化学、薬理学などの融合研究なので、mathematics、physics、economicsと同様にantibioticsも学問分野を意味していると理解して抗生物質学と翻訳すべきであったかもしれません。

新しい抗生物質の発見から医薬農薬として応用するには、さまざまな研究分野の融合が必要であり、チームワークが求められます。しかし、規模の拡大よりも、それぞれの創意工夫が成功のカギを握っていると思います。

砂浜の中で金の粒を探すような（一万分の一とも、百万分の一ともいわれている）スクリーニングが抗生物質の出発点となりますが、漫然と探すのと、創意工夫を凝らして探すのとでは成功率に格段の差が出ます。一攫千金というとギャンブルのような悪印象を与えてしまうかもしれませんが、研究成果がみえやすいので、多少つらくても頑張ろうという気になれるところがスクリーニングのおもしろさだと思います。スクリーニングで目的化合物を得るためには、知識だけでなく体力と熱意、それを支える経済力、そして若干の運が必要です。恋人探しと似ているような気がしませんか？

第19章　抗腫瘍性抗生物質オキサゾロマイシン

森　達哉

放線菌ストレプトマイセス属 *Streptomyces* sp. の生産する**オキサゾロマイシン**（図19・1 ***1***）は、マウスのエールリッヒ腹水腫瘍、P-388白血病に対する強力な抗腫瘍活性、抗グラム陽性菌作用を示すことが知られていましたが、①非結晶性物質である、②化学的に不安定であるなどの理由のため、その構造解明には至っていませんでした。また、本化合物には、その赤外（IR）スペクトルより、分子内に天然物としては珍しいβ-ラクトン構造の存在が予想されました。筆者らは、本化合物の作用面および予想される構造の複雑性、特異性にたいへん興味をもち、まずは未解明であった構造を明らかにすべく研究に着手しました。

オキサゾロマイシンの構造決定

オキサゾロマイシンの分子量はFAB（注1）により六五五、分子式は粉末状態での元素分析より$C_{35}H_{49}N_3O_9$と決定しました。本化合物は、メタノールなどの極性有機溶媒には高い溶解性を示しま

（注1）fast atom bombardment mass spectrometry、高速原子衝撃質量分析法。

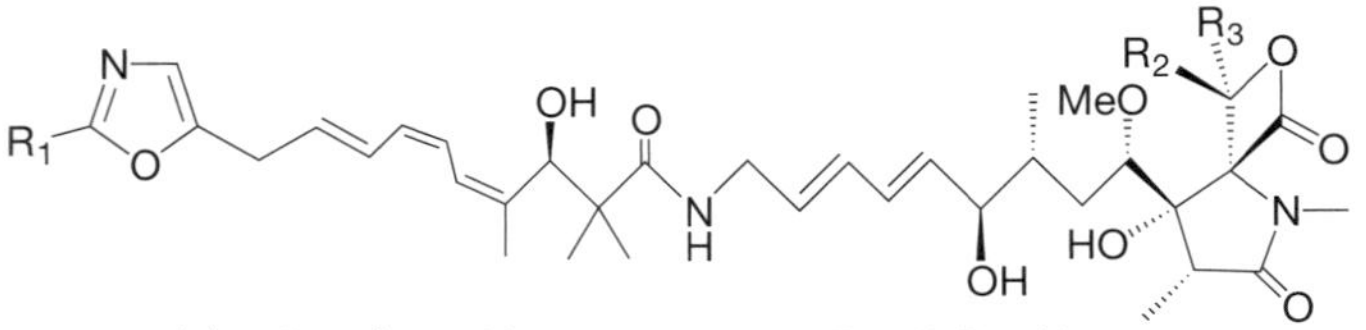

(*1*) オキサゾロマイシン:　$R_1 = H, R_2 = H, R_3 = H$
(*2*) 16-メチルオキサゾロマイシン: $R_1 = H, R_2 = H, R_3 = Me$
(*3*) カロマイシン:　$R_1 = Me, R_2 = CH_3OCH_2, R_3 = H$

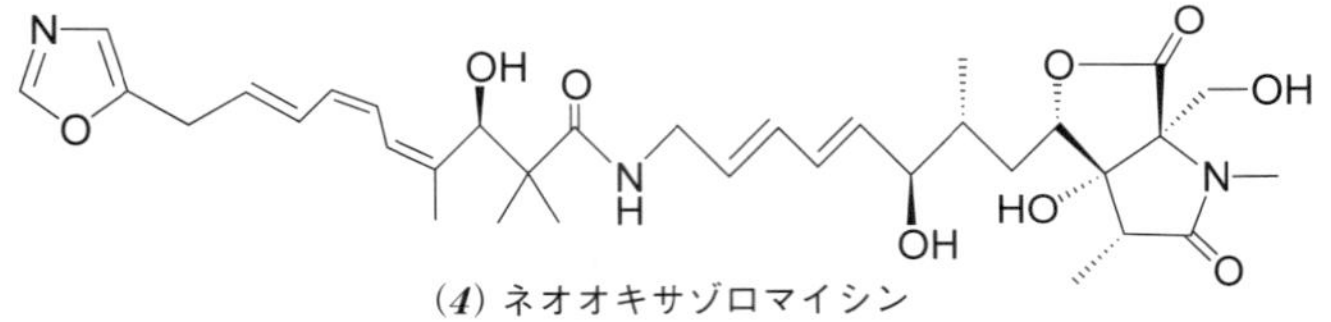

(*4*) ネオオキサゾロマイシン

図19・1　オキサゾロマイシン（*1*）とその同族体（*2*）（*3*）（*4*）
（Meはメチル基）

すが、水および非極性溶媒には難溶でした。また、酸性、アルカリ性条件下ではかなり不安定であり、分子内に化学的に不安定な部分構造があることが予想されました。オキサゾロマイシンの紫外（UV）スペクトルでの吸収極大値二六五、二七五、二八五ナノメートルより共役トリエン構造、二三〇ナノメートルより共役ジエン構造、IRスペクトルでの一八二五cm^{-1}の吸収よりβ-ラクトン構造の存在が示唆されました。また、^1H-NMR（核磁気共鳴）スペクトルで低磁場領域に観測される二本の特徴的なシグナルδ六・八〇（1H、幅広一重線）、δ七・八三（1H、一重線）は、各種文献値との比較から5-置換オキサゾール環の水素原子に帰属しました。ところで、筆者らが本研究に着手した一九八〇年当時、国内の大学、研究機関にもようやく高磁場核磁気共鳴装置が導入されはじめました。そこで、本化合物のジアセタート体およびそのオゾン分解、四酸化オスミウム-メタ過ヨウ素酸ナトリウム分解生成物について、三六〇メガヘルツFT-NMRによる測定が

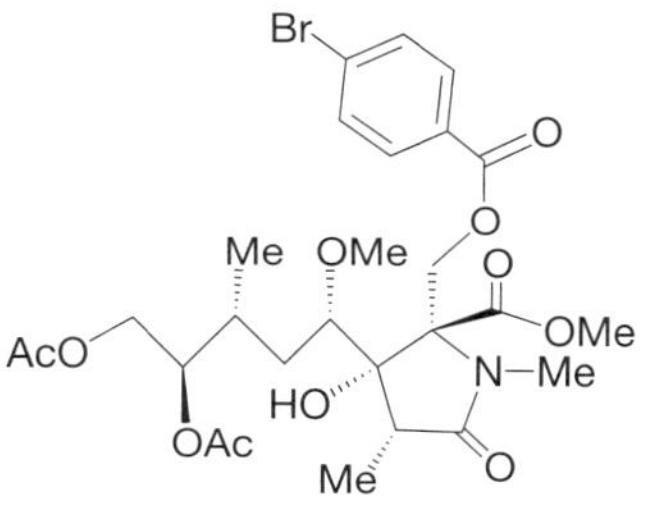

(*5*) *p*-ブロモベンゾアート体

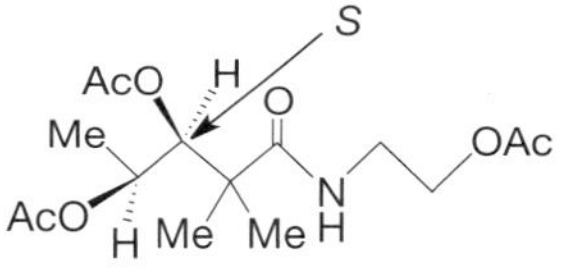

(*6*) トリアセタート体

図19・2　オキサゾロマイシンのオゾン分解誘導体　図中，Me はメチル基 CH_3−，Ac はアセチル基 CH_3CO− を表す．

可能となり、そのデータを詳細に解析することにより、オキサゾロマイシンの平面構造を決定することができました。

ついで、オキサゾロマイシンの立体構造を明らかにすべく研究を継続しました。オキサゾロマイシンには七個の不斉炭素があり、そのうち六個がジエン構造より右側部分に存在します。そこで、ジアセタート体のオゾン分解生成物から誘導した *p*-ブロモベンゾアート体（図19・2 ***5***）のX線結晶構造解析により、六個の不斉炭素の立体構造を決定しました。さらに、ジアセタート体のオゾン分解生成物であるトリアセタート体（***6***）を、L-(+)-パントラクトンから合成的に誘導することにより、残りの一個の絶対配置を *S* であると決定しました。

以上の結果より、オキサゾロマイシンの立体構造を、その絶対構造を含めて（図19・1 ***1***）のように明らかにすることができました（章末文献1）。

オキサゾロマイシンの同族体および全合成

その後、筆者らの構造研究に続いて、16-メチルオキサゾロマイシン（***2***）、カロマイシン（***3***）、ネオオキサゾロマイシン（***4***）などの同族体の構造がつぎつぎと報告されました。そして、これらオキサゾロマイシン類が、土壌細菌により植物細胞が異常増殖した結果ひき起こされるクラウンゴールとよばれる植物腫瘍の形成を阻害することも報告され、このような植物細胞の形質転換機構の解明にもつながるものと注目されています。

また、オキサゾロマイシン（***1***）およびこれら同族体は、作用面および構造の複雑性、特異性から合成標的として非常に魅力的なターゲットであり、国内外のグループにより、合成研究が精力的に進められました。そして、一九九〇年には、ケンデ（A. S. Kende）らによるネオオキサゾロマイシン（***4***）の全合成が、二〇一一年には、畑山らによるオキサゾロマイシン（***1***）の最初の全合成が達成されました（章末文献2）。

参考文献

（1）高橋寛治、森 達哉、柏原正人、上村大輔、片山忠二、岩垂秀一、志津里芳一、三友隆司、中野文夫、松崎明紀、「新β-ラクトン抗生物質オキサゾロマイシンの構造」、『第26回天然有機化合物討論会講演要旨集』、p.189 (1983).

（2）J. Ishihara, S. Hatakeyama, *The Chemical Record*, **14**(4), 663 (2014).

第20章　脂質と膜タンパク質

島本啓子

生体膜と脂質

すべての生物は細胞から成り立っており、細胞は**細胞膜**で細胞内と外界とを区別しています。細胞膜は単に物理的な「壁」として細胞内外を隔てているだけでなく、膜タンパク質（膜に埋込まれた形で存在するタンパク質）を介して、物質や情報のやりとりをしています。生体膜は多様な分子が不均質な状態で存在するため、これまで研究が困難でしたが、膜タンパク質の構造解析や微量物質の検出技術などが進むことによって、最近、ホットな研究分野になってきています。

大腸菌のような原核生物は細胞膜だけですが、ヒトをはじめとする真核生物は、細胞の中にも膜からできた細胞小器官（オルガネラ）をもっています。これらの**生体膜**はいずれも**リン脂質**を主成分としており（図20・1ａ）、リン脂質の親水性の頭部を外側に、疎水性の尾部を内側に向き合った脂質二重層を形成しています（図20・1ｂ）。しかし、さまざまな生物の膜を構成するリン脂質の種類は、生物種、組織、細胞小器官により違います。一般的な脂質以外に微量成分も数多く存在しており、脂肪酸の長さや不飽和度の違いも考えると、生体膜を構成する脂質は数百種にも及ぶとされています。

膜タンパク質の構造と合成

脂質二重膜の内部は非常に高い疎水性を示すため、極性をもった水、イオン、糖類をはじめ多くの分子を通しません。そのため、細胞外の情報を受取ったり、内外に物質を流通させたりするためには、「門番」としての機能をもった**膜タンパク質**を適切に膜に配置することが必要になります。これまでに配列が決定されたゲノムにコードされるタンパク質のうち、二〇～三〇パーセント程度が膜タンパク質と予測されています。膜タンパク質は膜脂質の中に入り混じって（モザイク状）存在します（流動モザイクモデル、図20・1b）。膜タンパク質は膜に埋込まれているといっても、コンクリートのようにガッチリと固められているわけではなく、膜の平面内を移動することができます。生体膜は、多くの膜タンパク質がくっついたり離れたりしながら、多種類の脂質とともに動き回る動的な構造体なのです。

図20・1（b）では膜タンパク質を単なる長丸印で描いていますが、実際の膜タンパク質は一本の鎖が複雑に折り畳まれた形をしています。たとえば、図20・1（c）に示すように、膜を何回も突き抜けた構造をとるタンパク質が多く知られています。膜の中に入っている部分はαヘリックスとよばれる「らせん構造」をとっています。もちろんヘリックスの向きや配置はタンパク質によって決まっています。この構造が正しくないとうまく機能することができません。タンパク質は細胞質の中のリボソームがアミノ酸を順番に結合させて合成していきます。膜の中に入るヘリックスの部分は疎水性が高いので、細胞質（水が多い環境）に放っておくとお互いにくっついて凝集してしまいヘリックスになれません。もし膜がない状態で膜タンパク質を無理やりつくらせても、タンパク質はきれいな折

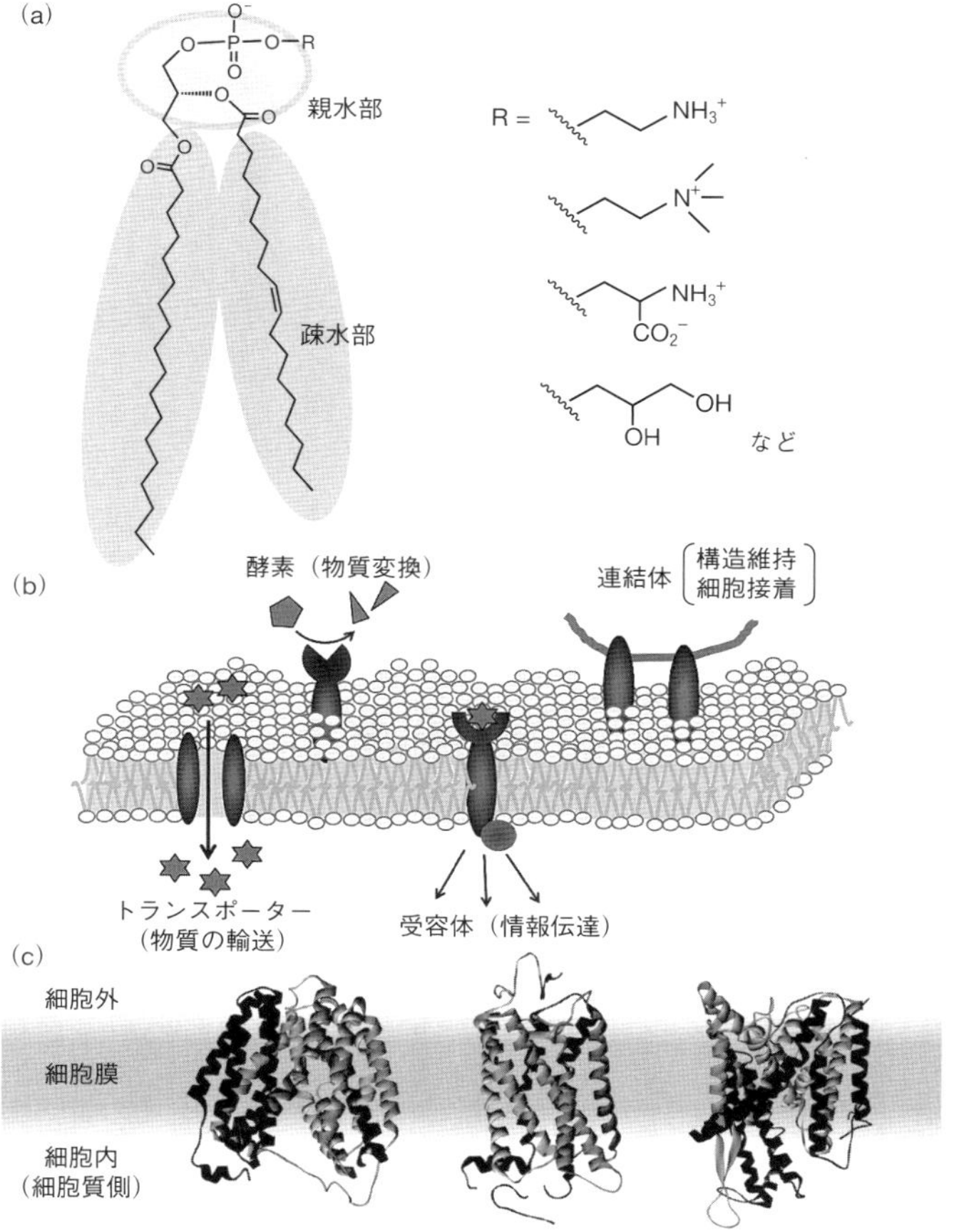

図20・1　(a) リン脂質の構造例　ヘッドグループの種類（Rの違い），足となる脂肪酸の炭素数や二重結合の数によって多様性がある　**(b) 膜と膜タンパク質の模式図**　膜タンパク質のおもな働きとして，物質輸送，情報伝達，物質変換，細胞構造維持，細胞接着などがある．**(c) 膜タンパク質の構造の例**　主鎖（アミノ酸のつながり）のうち膜中でヘリックス構造になっている部分をリボンで表示している．左から大腸菌LacY（糖トランスポーター），ウシのロドプシン（目の光受容体），細菌のトランスロコン．

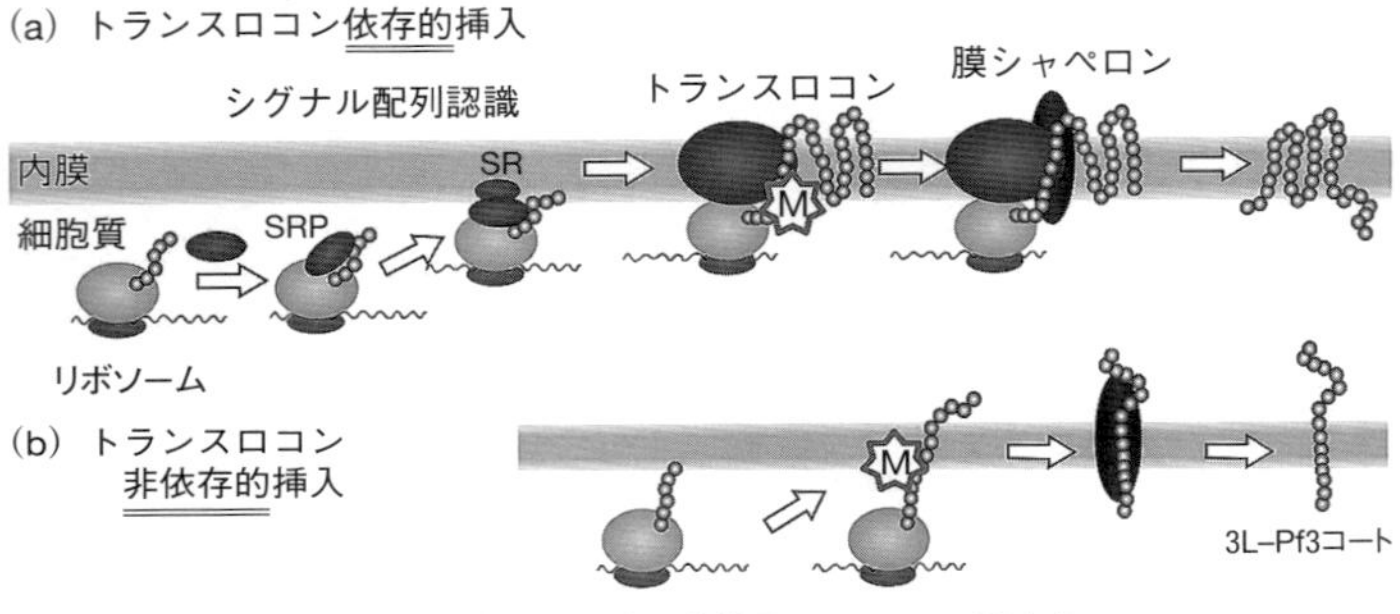

図20・2　大腸菌の膜タンパク質挿入モデル　(a)リボソームで合成された新生タンパク質鎖は，トランスロコンによって膜に挿入され，膜シャペロンで形を整えられて構造が完成する．(b)短いタンパク質のなかにはトランスロコンが不要のものもある．(a)，(b)いずれの場合にもM（MPIase，膜タンパク質インテグラーゼ）が必要となる．

り畳みの形をつくることはできませんし、タンパク質を合成した後から膜を加えても、勝手に膜の中に入ってしまうことはありません。

それでは、膜タンパク質はどのようにつくられているのでしょうか？　タンパク質を膜に入れるかどうかを区別するために、タンパク質のアミノ基末端（合成を始める側）には**シグナル配列**とよばれる輸送タグがついています。リボソームでシグナル配列が合成されると、シグナル配列認識粒子（ＳＲＰ）が認識していったん合成が止まります（図20・2ａ）。小胞体膜（原核生物の場合には細胞膜）上にはＳＲＰを受取る受容体（ＳＲ）があり、ＳＰＲとリボソームの複合体を受取ります。膜にくっついたリボソームは、さらに**トランスロコン**とよばれるタンパク質でできたチャネルへ受け渡されます。リボソームでのタンパク質合成が再開し、できてきたタンパク質の鎖は順次トランスロコンを通って膜に進入します。疎水性が高い部分はヘリックスを形成して膜中へと押し出され、シャペロン（形を整える機能をもったタンパク質）の働きで構造が完成します。トランスロコンは原核生物から真核細胞までよく似ていることから、タンパク質の膜挿入の機構は、進化的に保存された生命の基本的な仕組みだと考えられています。しかし、実はトランスロコン自身も膜タンパク質で、うまく膜に組込まれるためにはトランスロコンを必要とします。それでは、一番はじめのトランスロコンはどうやって膜に入ったのでしょう？　不思議ですね。きっと膜の進化とも関連しているのでしょう。

新しい膜タンパク質挿入因子

最近、私たちはこの答えのヒントになる新しい膜挿入因子**ＭＰＩａｓｅ**の構造を明らかにしました（章末文献１）。ＭＰＩａｓｅは岩手大学 西山賢一 教授らにより大腸菌内膜（細胞膜）から単離されました（章末文献２）。先ほど膜タンパク質挿入にはトランスロコンが必要と書きましたが、実は3L-Pf3コートという一回膜貫通タンパク質はトランスロコンがなくても、大腸菌膜に入ることが知られていました（図20・２b）。3L-Pf3コートは短すぎてＳＲＰを利用できないのです。そのため、膜に溶け込むように「自発的に」挿入されると思われていました。しかし、西山らは大腸菌膜を調べて、3L-Pf3コートも勝手に入るわけではなく、膜の中の未知の因子が挿入を促進していることを見つけ、この新因子をＭＰＩａｓｅ（Membrane Protein Integrase）と名付けました。さらに、トランスロコンが働くためにもＭＰＩａｓｅは必要なことがわかりました。

ＭＰＩａｓｅの正体を決めるために、私たちはまず膜から純粋な形で取出すことを試みました。

ＭＰＩａｓｅは親水性と疎水性を併せもつ複雑な物性を示すため、その精製には苦労しましたが、いくつものカラムクロマトグラフィーを組合わせ、一〇〇リットルの大腸菌培養液からようやく二〇ミリグラムの純品を分離して、その構造を明らかにすることに成功しました。驚くべきことに、酵素のような働きをするにも関わらず、ＭＰＩａｓｅの正体はタンパク質構造をもたない糖脂質でした（図20・3ａ）。～アーゼというのは酵素につける名前なので「糖脂質にＭＰＩａｓｅとつけてよいのか？」という議論もありましたが、機能を表したいということで、このままの名前でデビューすることになりました。

ＭＰＩａｓｅは三種類のアミノ糖から成るユニットが一〇回くらい繰返す（すなわち約三〇個の糖がつながった）糖鎖とジアシルグリセロール（脂質部）が二リン酸でつながった構造をしています。私たちは、核磁気共鳴（ＮＭＲ）で分子の形（糖の種類やつながり方）を、質量分析で糖の繰返しの数を決め、その部分構造を有機化学合成することによって確認しました。さらに、ＭＰＩａｓｅを分解し、どの部分が膜挿入活性に深く関わっているかを調べたところ、糖鎖部分に膜タンパク質挿入活性が認められました。ＭＰＩａｓｅがない場合には、リボソームから生み出された疎水性の高いタンパク質は凝集してしまいますが、ＭＰＩａｓｅがあると糖鎖部がタンパク質を包み込んで凝集を防ぎ、膜に入りやすくしていると考えられます（図20・3ｂ）。脂質部の機能については現在研究中ですが、トランスロコンの傍にいて一緒に働くために必要なのではないかと思われます。西山らはＭＰＩａｓｅの抗体を使ってＭＰＩａｓｅの働きを抑制した研究も実施し、人工的につくった膜上だけでなく、実際の大腸菌の膜でもＭＰＩａｓｅが機能していることを証明しました。

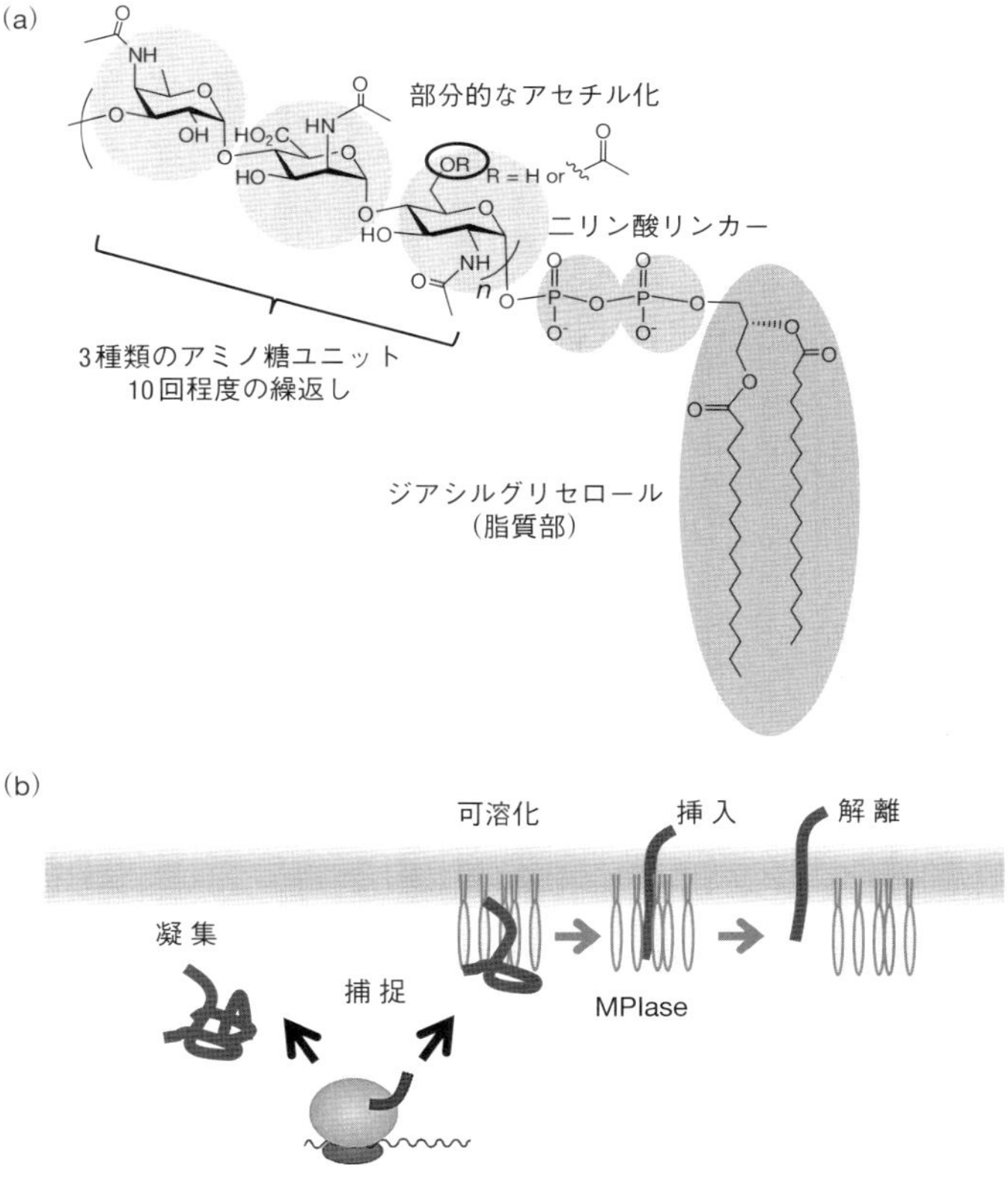

図 20・3　(a) MPIase の構造　(b) MPIase 作用機構の想像図
MPIase が 1 分子で働くか，多数集まって働くのかは不明.

これまで、糖鎖や糖脂質が酵素のような働きをすることは知られていませんでした。同じような働きをする膜の成分が真核生物にあるかどうかはまだ不明です。今後、微量の膜脂質のなかに新たな機能をもつものが見つかってくるかもしれません。膜挿入の手助けをする成分を使って、難しい形の膜タンパク質を上手につくることができるようになれば、膜タンパク質の機能を調べる研究に役立つことが期待できます。

参考文献

（1）島本啓子、西山賢一、「タンパク質ではない酵素？——タンパク質膜挿入の鍵を握るグライコリポザイム」、『実験医学』、**32**(15), p.115~122 (2014).

（2）西山賢一、島本啓子、「膜タンパク質の鍵は糖脂質にあり——すべての生体膜挿入に必須な因子を求めて」、『化学』、**68**(6), p.30~34 (2013).

第21章　脳と糖

山田勝也

神経細胞のエネルギー源はグルコースか？

三〜四時間ほども集中して脳を使うと、身体を動かしたわけでもないのに、ご飯が食べたくなりませんか。脳はその活動のためのエネルギーのほとんどをブドウ糖（**D-グルコース**）に依存するといわれますが、私たちの身体は、食べ物がないときには、自分の筋肉や臓器の一部を破壊し、タンパク質やアミノ酸を分解してまでグルコースをつくり出し、脳に供給しようとします。体重の四〇分の一ほどの重さしかない脳ですが、実に全身のD-グルコース使用量の四分の一を消費しています。

このように脳に重要なD-グルコースですが、意外にも脳内の神経細胞やその周囲のグリア細胞にどのように取込まれ、利用されているのかはよくわかっていません。筆者が大学院を出て、さてこれから何を研究しようかと考え始めたころ、スイスのマジストレッティ（P. Magistretti）らの説を知り、驚きました。曰く、脳内でD-グルコースを消費しているのは、おもにアストロサイトとよばれるグリア細胞の一種である。アストロサイトは血管のまわりにあり、血液中から脳内に入ったD-グルコースを最初に取込み、細胞内で代謝し、生じた乳酸を細胞外に分泌する。神経細胞はこの乳酸をおもなエネルギー源として活動しているというのです。この説は「乳酸シャトル説」とよばれています。

証拠は間接的なものでしたが、しだいに支持が増え、主流派となりました。しかし、D－グルコースを細胞内に取込む分子機構**グルコーストランスポーター**（GLUT）は神経細胞にも存在します。それは何に使用されているのでしょう。また、大学院時代にグルコースと塩類のみの溶液中で神経細胞に細いガラス電極を刺入してその電気活動を記録してきた経験からも、何か釈然としない思いが残りました。

この問題は実は脳にとどまらず、がん細胞や成長期の細胞の増殖などにも共通する「活発に活動する細胞がどのような仕組みでエネルギーを得ているか」、という生命科学の深い問題とつながっています。当時はグルコース輸送を研究する手段が限られていたため、大きな論争がつづきましたが、最近、グルコースを蛍光で光らせた分子「蛍光グルコース誘導体」により、長年の論争に終止符を打つ強力な証拠が提出され始めました。さらにこの蛍光グルコース誘導体はがん研究の分野でも新知見をもたらし、注目されています（章末文献）。本章ではこの蛍光グルコース誘導体についてご紹介します。

蛍光グルコース誘導体を用いた種々の細胞へのグルコース取込みの研究

蛍光グルコース誘導体の代表2－NBDG（図21・1a）は、D－グルコース（厳密にいうとD－グルコサミン）に蛍光基NBDを結合した誘導体で、一九九六年東京農工大学の松岡英明らにより、食中毒菌などの生死を蛍光で迅速に計測することを目的として開発されました。食中毒菌の有無を判定するのに使用される培養法は食品流通の現場には不向きで、食中毒は後を絶ちません。そこで松岡先生は、培養法を用いずに菌の生死を区別できないかと考えました。2－NBDGを大腸菌などに振り

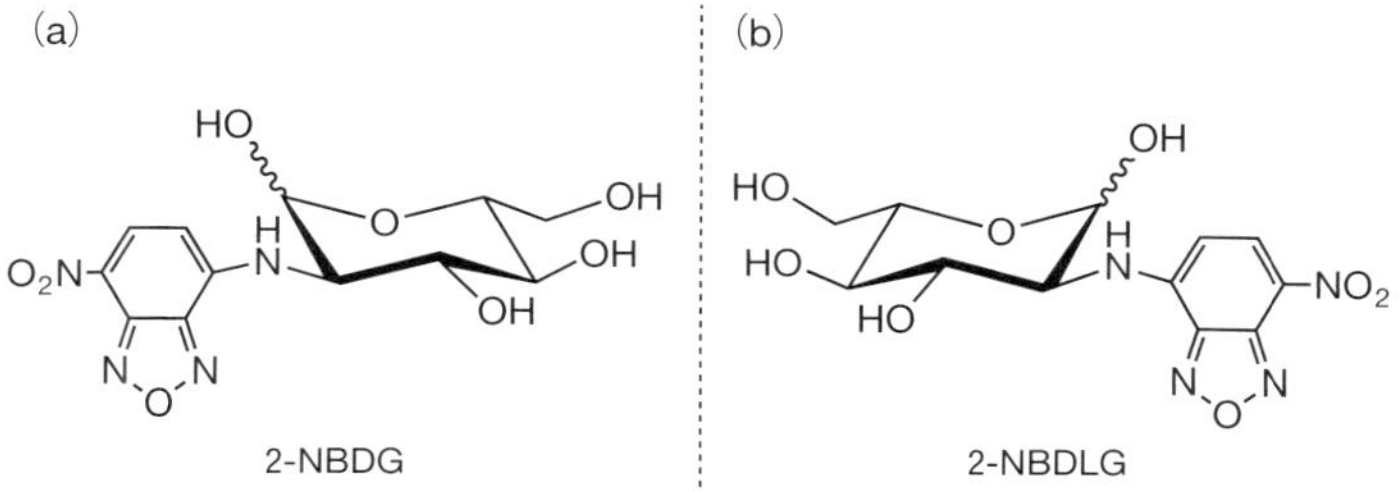

図21・1　蛍光グルコース誘導体の構造式　(a) 2-NBDG (2-[*N*-(7-ニトロベンゾ-2-オキサ-1,3-ジアゾール-4-イル) アミノ]-2-デオキシ-D-グルコース), (b) 2-NBDLG (2-[*N*-(7-ニトロベンゾ-2-オキサ-1,3-ジアゾール-4-イル)アミノ]-2-デオキシ-L-グルコース).

かけたところ、生きた菌は2-NBDGを取込んで光ったのに対し、アルコール殺菌した菌は光らなかったため、菌の生死を簡単に判定できると報告されました。

筆者は当時別件で松岡先生にお会いした際にたまたまこのお話を伺い、脳のグルコース輸送の問題解明に利用できるかもしれないと考え、合成をお願いしました。研究室で、早速薄く切った動物の脳に2-NBDGを適用して、神経細胞を刺激しながら蛍光の変化がないか調べてみましたが、現在のようなレーザー顕微鏡のない時代、一年あまりも苦戦しました。おりしも糖尿病を専門とする稲垣暢也教授（現京都大学教授）が新しく教室に着任され、もう脳はやめて簡単な培養細胞や膵臓細胞で調べるようにと提案されました。筆者は脳以外に興味がなかったのですが、やむなく細胞を変えたところ、これが転機となりました。

2-NBDGは、大腸菌ばかりでなく、哺乳動物細胞がD-グルコースを細胞内に取込む機構であるグルコーストランスポーター（GLUT）を、D-グルコースとよく似た特性を示しながら通過することがわかりました。蛍光基であるNBD

はＤ－グルコースより大きな分子ですのでこれは驚きでしたが、実験結果はＧＬＵＴを通過することを示していました。その後２－ＮＢＤＧは、全身のさまざまな細胞や組織におけるＤ－グルコースの輸送をモニターする標準蛍光Ｄ－グルコース誘導体として使われるようになり、従来知られていなかった脳のグルコース輸送路の発見など、さまざまな新知見をもたらすようになりました。

蛍光グルコース誘導体のがん診断への応用

一方、米国では、がん診断に２－ＮＢＤＧを応用する論文も発表されだしました。しかし、私は学術的に未解明な部分が残っている２－ＮＢＤＧが、ヒトの生死を左右するがん診断に応用されることに強い不安を感じました。そこで、ＧＬＵＴを介した細胞内への２－ＮＢＤＧの選択的な取込みを正確に知るための対照分子として、自然界に存在せずＧＬＵＴを通過しないとされるＬ－グルコースに、ＮＢＤを結合した２－ＮＢＤＬＧ（２－ＮＢＤＧの鏡像異性体）を、上村大輔研究室（当時 静岡大学時代の先輩で大阪の（株）ペプチド研究所研究室長の山本敏弘さんに合成をお願いして開発しました（図21・1b）。細胞に２－ＮＢＤＧと２－ＮＢＤＬＧを適用したうえ、両者の蛍光を比較すれば、Ｄ－グルコースが細胞内にＧＬＵＴを通過して立体選択的に輸送される現象を正確に評価するうえでの貴重な情報が得られると期待したのです（章末文献参照）。幸い、正常な神経細胞に適用するとＤ形とＬ形では取込みに差が認められました。また、Ｌ－グルコースに蛍光基を結合した誘導体によるイメージングはそれまで例がなかったことから、特許取得にもつながりました。

ところが、細胞への取込みを数値化する目的でがん細胞に２－ＮＢＤＬＧを適用したところ、予想外にも悪性度の高いがん細胞が２-ＮＢＤＬＧを特異的に細胞内に取込むことが判明しました。２-ＮＢＤＬＧは、非がん細胞への取込み量が少ないという利点があるため、従来のD-グルコースを利用したがんのイメージングに比べて、がんをコントラストよく検出できるうえ、副作用も低減できる可能性があります。そこで、現在国内外のさまざまな研究者や多数の企業と共同で、２-ＮＢＤＬＧのがん診断への応用を目指した開発を進めています。

おわりに

蛍光グルコース誘導体を用いることで、大腸菌、植物細胞、脳細胞やがん細胞に至るまで、実にさまざまな細胞が糖を取込む生き様を垣間見ることができます。二〇一五年には、ついに乳酸シャトル説に真っ向から反対する「神経細胞はおもにグルコースを利用して活動している」という強力な証拠を、新しい蛍光グルコース誘導体を用いて示した論文も現れました。また、脳の記憶とがん細胞の代謝の関連を指摘する研究も出てきました。がん細胞は集まると構造体をつくります。これは細胞同士がコミュニケーションを図り協力する原始的生物のように感じられ、その糖利用の理解から脳代謝の理解にも役立つヒントが得られるように思います。皆さんも何か不思議だなと思うことがあれば、とことん追究することも人生の大きな楽しみを得る機会となるかもしれません。

参考文献

K. Yamada, *et al.*, 特許第5682881号, EP2325327B1, US8986656B2

第22章　内因性ニトロヌクレオチドの科学

有本博一

一次代謝産物への関心

生物がつくる低分子を、一次代謝産物と二次代謝産物に分類することがあります。一次代謝産物は、生育に必要な基本的分子で、アミノ酸、脂質、糖、核酸などが代表例です。二次代謝産物は、それ以外をさします。伝統的な天然物化学は二次代謝産物を中心に発展してきました。その理由は、それぞれの生物種の個性を反映した多彩な構造の化合物が存在し、頻繁に新規化合物が見つかるからです。

一方、先端生命科学の分野では、一次代謝産物に対する関心が、かつてないほどに高まっています。たとえば、多数の一次代謝産物の動的な時間変動を網羅的に解析するメタボローム解析があります。質量分析法（マススペクトロメトリー）の進歩がもたらした新技術です。学術研究だけでなく、疾患の早期診断法などの観点で脚光を浴びています。

私たちの身体にも存在し、生命活動の根幹に関与するだけに、一次代謝産物を深掘りすると、生命科学や医学の先端研究に直結します。このため生物種に普遍的な一次代謝産物が新たに発見されると、大きなインパクトがあるのです。この章では、現在売り出し中の注目株を紹介しましょう。

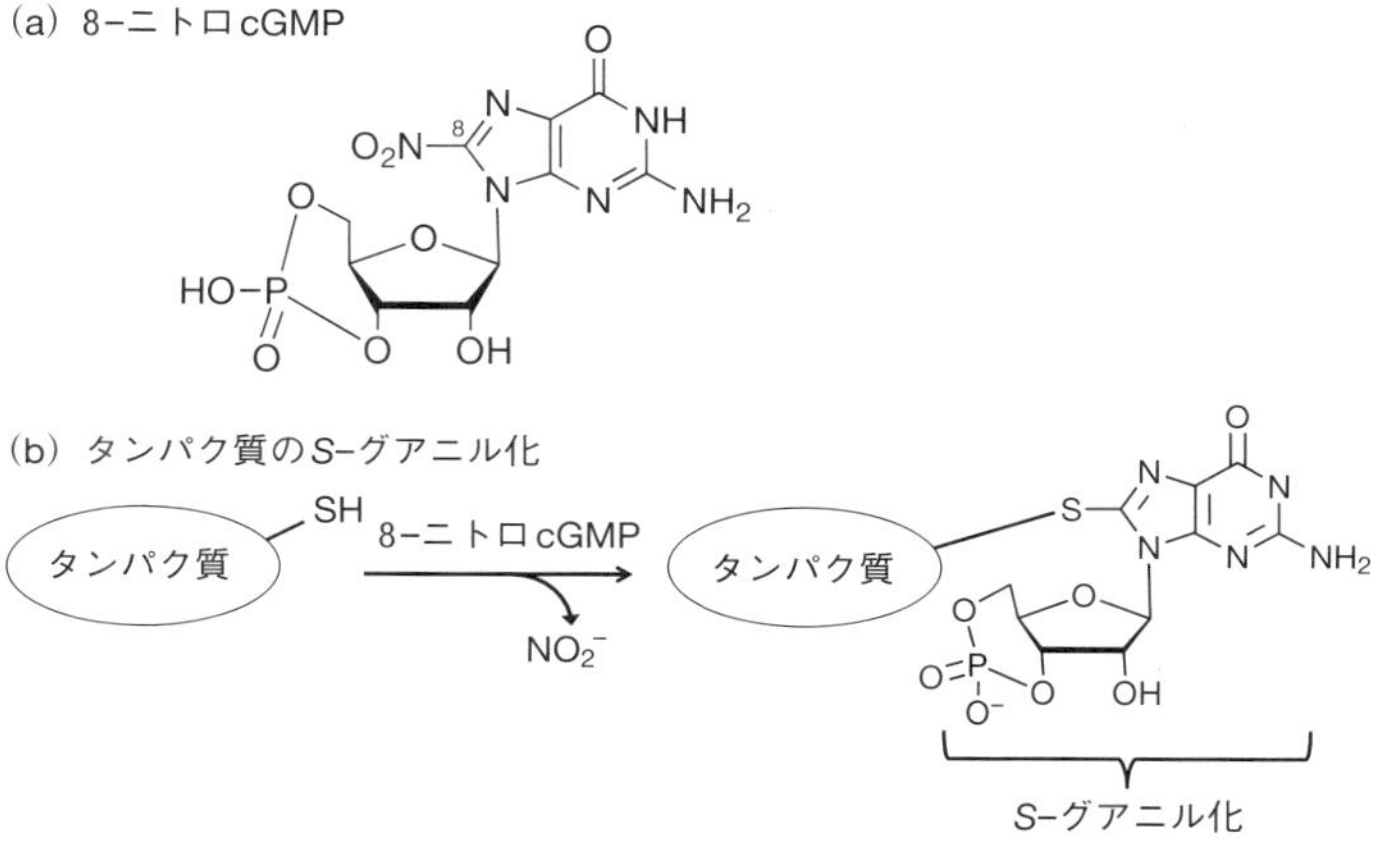

図22・1　8-ニトロcGMPの構造式（a），*S*-グアニル化（b）

8-ニトロcGMPと*S*-グアニル化

分子の名前は、8-ニトロcGMP（8-ニトロサイクリックジーエムピー）といいます。二〇〇七年に見つかったばかりで、いまのところ高等動植物、微生物の一部に存在することがわかっています。化学構造式をご覧ください（図22・1）。どこかでみたような気がしますか？ そのとおりです。遺伝子を構成する核酸の成分と少し似ていますね。窒素（N）が多く存在する部分は、グアニンという核酸塩基です。五員環の糖（リボース）と環状リン酸構造を合わせるとcGMPの構造になります。

一九六〇年代に発見されたcGMPは、cAMP（サイクリックエイエムピー）とともに、生体内では二次メッセンジャーとしてたいへん重要なシグナル伝達分子です。今回新たに見つかったのは、cGMPの8位とよばれる位置にニトロ基（NO_2基）がついたもの。構造だけみると「あまり変わり映えしないなぁ」と思うかもしれません。ところが、ニトロ基の効果で、本来のｃＧＭＰにはないおもしろい性質が出てくるのです。タンパク質に含まれるアミノ酸、システインと反応して結合することです（図22・1b）。この修飾反応を「*S*-グアニル化」と名付けました。図をよくみるとわかりますが、８-ニトロｃＧＭＰが結合するときにニトロ基が外れます。タンパク質側にはｃＧＭＰ部分だけが残ることに気をつけて下さい。

S-グアニル化はオートファジーを促進する

タンパク質の働きは、いろいろな化学修飾（翻訳後修飾）が脱着することにより、タイムリーに制御（活性化／抑制）されます。それではｃＧＭＰ修飾（*S*-グアニル化）は、どのような生理的な意義をもつのでしょう。研究初期に判明した作用として、哺乳類細胞に対する細胞保護効果があります。この作用は酸化ストレスを感知するタンパク質（Keap1）を介しています（二〇〇七年）。また、植物（シロイヌナズナ）では気孔の開閉に関わっています（二〇一三年）。ここでは、筆者らが突き止めた最新の機能、**オートファジー**（自食）との関係（二〇一三年）について詳しく書くことにします。

オートファジーは、酵母から高等動植物まで広く存在する細胞内分解システムです（図22・2）。オートファゴソームとよばれる膜が物質や細胞小器官を包んで分解します。飢餓状態に陥った際には、不要不急のタンパク質を分解して、生存に必要なアミノ酸を取出す役割もあります。日本は、オートファジー研究では世界の中心なので、この名前を聞いたことがあるのではないでしょうか。

アミノ酸リサイクルなど恒常性維持の役割に加え、オートファジーは疾患とも深い関係があります。たとえば、アルツハイマー病などの神経変性疾患では、細胞内にタンパク質の凝集体がたまってきま

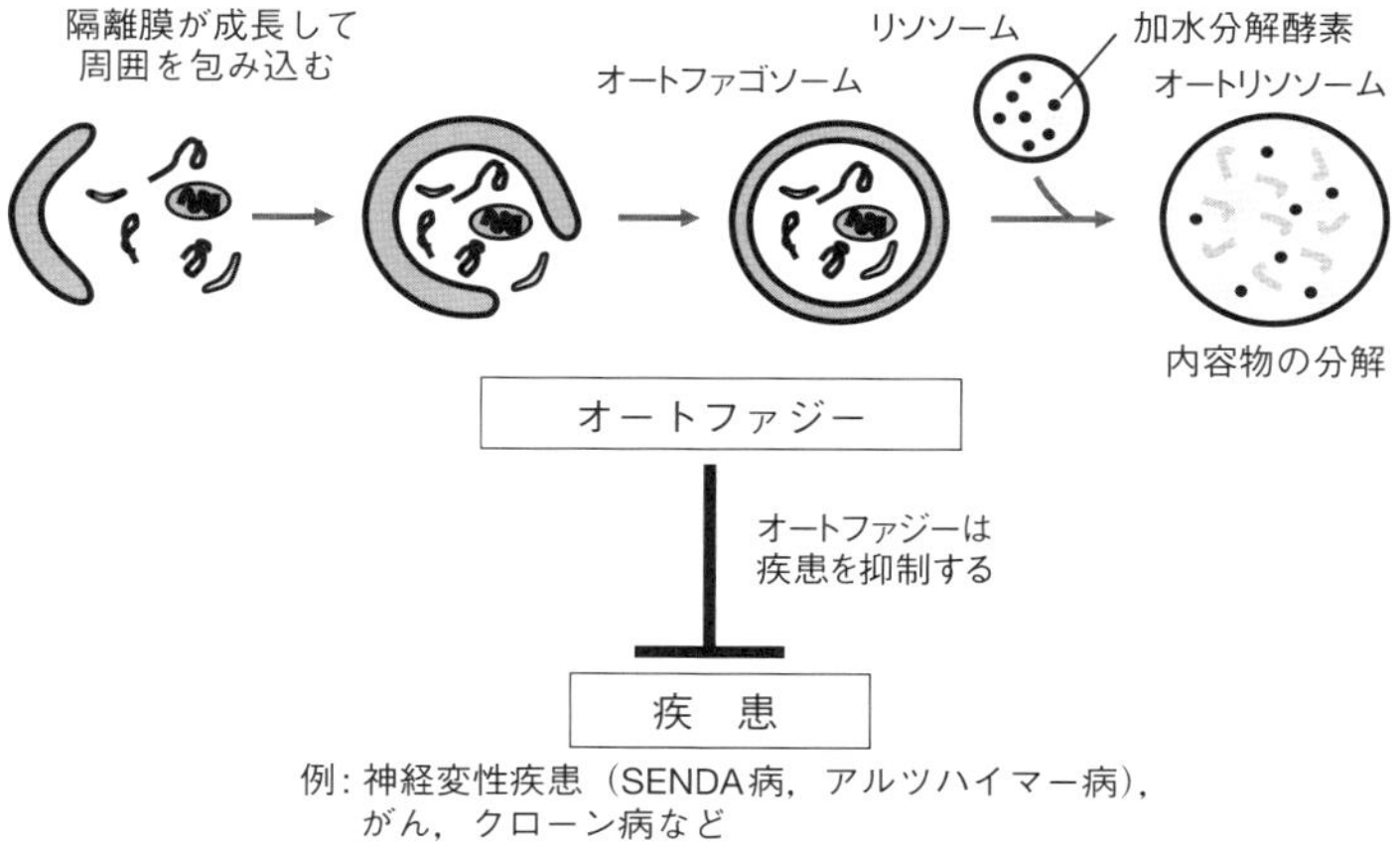

図22・2　オートファジー　メカニズムの概要および関係する疾患.

す。オートファジーは、これらの分解を進めて病気を抑制しています。これ以外にも、がん、クローン病、糖尿病などさまざまな疾患をオートファジーが抑制すると考えられています。したがって、オートファジーを促進する化合物を探し、疾患の原因となる物質を分解する試みが世界中で活発に行われています。8-ニトロcGMPもオートファジーを促進する働きがあります。私たちの身体の中で8-ニトロcGMPが活躍するのは、感染症や炎症の状態です。

一口にオートファジーといっても、メカニズムのうえではバリエーションがあることがわかっています。分解選択性の有無も、その一つです。飢餓応答としてのオートファジーは、周囲のものを膜で一網打尽に包んでから分解するため、基本的に分解対象を選びません。これに対して、細胞が凝集体や病原体を排除するときは、目印をつけて優先的に分解できるのです（ストレス応答）。8-ニトロcGMPに

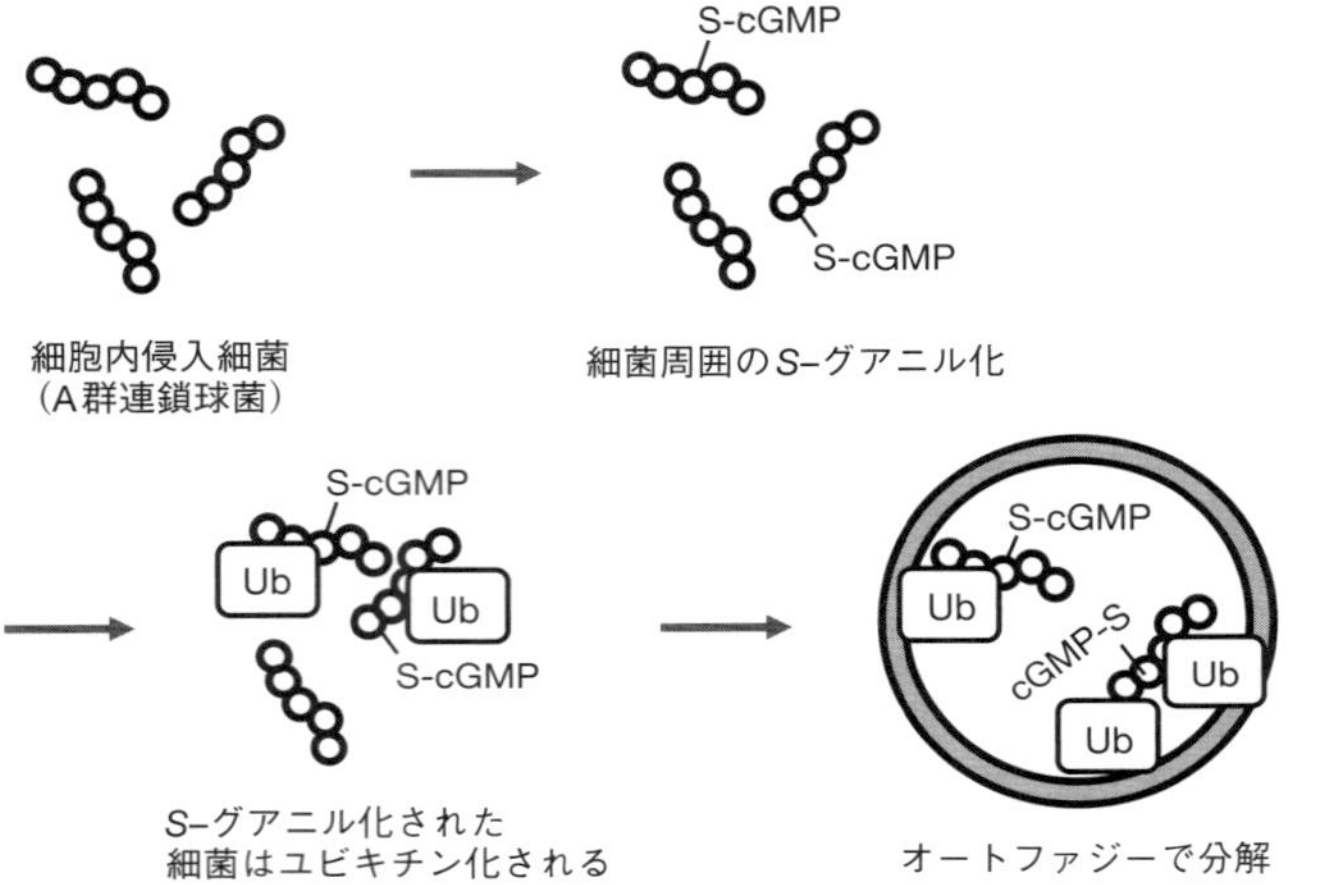

図22・3　*S*–グアニル化が関わる選択的オートファジーによる細菌の分解

よる*S*-グアニル化修飾は、後者の選択的なオートファジーに関わっていて、修飾された物質を分解する目印になると推定されています。

具体的な例で説明しましょう。私たちの細胞に細菌（A群連鎖球菌）を感染させると、細胞は細菌を感知して8-ニトロcGMPをつくります。このため細菌の表面に*S*-グアニル化修飾が起こります。すると、これを目指して別の翻訳後修飾（ポリユビキチン化）がやってきます。このように順々に目印をつけることにより、細菌は効率的にオートファジーで分解されるのです（図22・3）。ところで、皆さんは、機械による郵便小包の仕分けをみたことがありますか？　荷物にバーコードのような目印を貼ることによって行き先別に仕分けされていきますよね。選択的オートファジーの過程でも、よく似た作業が行われているわけです。

さて、世界中の期待にも関わらず、オートファジーを利用する医薬品は、まだ登場していません

（二〇一五年末現在）。ここにはオートファジーの選択性の問題が絡んでいます。通常のオートファジーには選択性がないので、化合物で人為的に活性化すると、疾患に関係しないタンパク質まで一緒に分解してしまいます。これが副作用となる懸念があるのです。8-ニトロcGMPの関わるオートファジーには分解選択性があるため、医薬品のタネとして多方面から注目されています。

8-ニトロcGMP発見の裏舞台

最後に、この分子発見の裏舞台を少しのぞいておきましょう。発見したのは熊本大学医学部（当時）の赤池孝章さん、澤 智裕さんらと筆者らの共同研究チームです。「試料をすり潰し、抽出物からあらかじめ準備した活性試験を指標に分離」するという、天然物化学王道のスキームではありませんでした。実は空想からすべてが始まったのです。

感染症の際には、一酸化窒素（一九九八年ノーベル生理学・医学賞）が細胞内で生じ、活性酸素と合流して分子をニトロ化します。微生物学分野の教授であった赤池さんは「それじゃあ、二次メッセンジャー（cGMP）のニトロ化物があったらすごいよね」と突然いいだしました。これを皆でおもしろがって追究したら、本当に細胞内にありました。見つかったというよりは、むしろ狙い撃ちで発見した分子です。この分子は、生成と分解が速く、微量しか存在しないため、通常のやり方では見つからなかったと思っています。8-ニトロcGMPの生命科学は、まだまだ発展途上ですが、従来、一酸化窒素の作用と報告された現象のなかには、8-ニトロcGMPが関わるものが多く見つかることでしょう。

第23章　分子の動きを見る

古寺哲幸

動くタンパク質分子を観察

私たちの研究室では、分子の動きを見ることができる**高速原子間力顕微鏡**（高速ＡＦＭ）という新しい顕微鏡の開発に世界で初めて成功しました。ここでいう分子とは、生き物の細胞の中で働いている**タンパク質分子**のことです。高速ＡＦＭの誕生によって、働いている最中のタンパク質分子の動きをビデオ観察することが初めて可能になり、タンパク質分子の働く仕組みをより詳しく調べられるようになりました。タンパク質分子の形や動きを、実際に見てみると、ときに愛らしく、ときに私たちがまったく想像もしていなかったものだったりします。自分たちでつくってきた顕微鏡を使って、そのような感動や興奮を体験できるのが私たちの研究の最大の魅力です。

タンパク質分子にはたくさんの種類があって、種類ごとに特有の形をもっています。タンパク質分子は、その形をうまく使うことで、生き物が生きるために必要なさまざまな化学反応や力学反応を起こしています。その動きを見ることができれば、タンパク質分子が働く仕組みが詳しくわかり、病気の原因の究明や、薬の開発を助けることにつながるはずです。ところが、タンパク質分子は、水溶液中だけでしか働けず、かつ、大きさが数ナノメートル（nm と書き、一〇億分の一メートルのこと）程度であるため、これまでの顕微鏡ではタンパク質分子の動きは見られませんでした。たとえば、光学顕微鏡は水溶液中の物体を観察できますが、その空間分解能はよくても二〇〇ナノメートル程度なので、それよりもずっと小さなタンパク質分子は見られません。一方、電子顕微鏡は高い空間分解能をもつのでタンパク質分子の形を詳細に観察できますが、観察は真空中で行うので、水溶液中でしか働けないタンパク質分子の動きはやはり見られません。

高速ＡＦＭの研究開発

私たちが開発してきた高速ＡＦＭは、一九八六年にスイスで発明された原子間力顕微鏡（ＡＦＭ、Atomic Force Microscope の略）という顕微鏡をもとに開発されています。ＡＦＭの測定原理は至って単純で、音楽を聴くレコードプレーヤーと同じような原理です（図23・1）。ＡＦＭでは、レコードに刻まれた溝（音楽）をレコード針で読みだす代わりに、非常に細い針（探針）の先で試料表面をなぞって（走査するという）、その表面の形を画像化します。針先の細さ

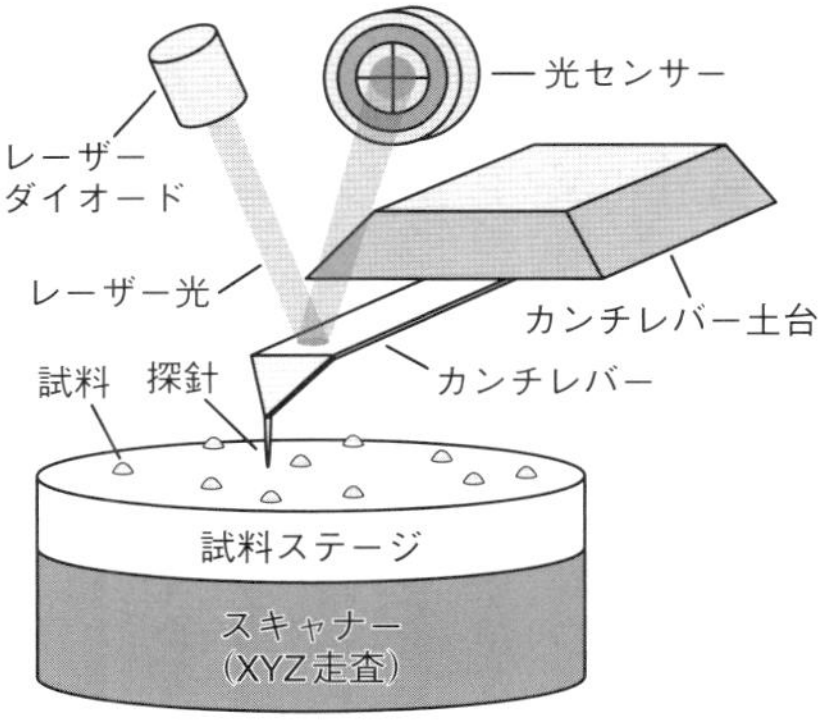

図23・1　AFMの測定原理　カンチレバーとよばれる柔らかい板の先に探針が付いていて，その探針で試料表面をなぞる．探針が試料表面をなぞると試料の形状に応じてカンチレバーが変位する．その変位は，カンチレバーの表面で反射したレーザー光を光センサーで受けることで知ることができる．

がナノメートル程度であれば、ナノメートル程度の空間分解能を実現できます。また、試料表面を直接走査するため、試料が水中にあっても、高い空間分解能で試料の形を見ることができます。これはこれまでの顕微鏡にはない特徴で、水溶液中の活きたタンパク質分子の形を見ることが初めて可能になりました。ところが、従来型のＡＦＭは試料表面の走査に長い時間がかかっていたために、一枚の画像を撮影するのに数分の時間がかかってしまい、タンパク質分子の動きは見られませんでした。

そこで、私たちの研究室を主宰する安藤敏夫教授は、タンパク質分子の動きを見ることを目指して、一枚の画像を秒以下の時間で撮影できる高速走査型のＡＦＭ、すなわち高速ＡＦＭの開発を思い立ちました。一九九三年のことでした。私は二〇〇〇年の春から、安藤教授の研究室に配属されました。私は、小さなころから工作が大好きでしたし、手先の器用さにはある程度自信があったので、研究室配属の前に、自分の能力を発揮できて、やりがいのある研究に携わりたいと考えていました。いくつかの研究室に見学に行き、先生方や先輩方に話を聞きましたが、安藤教授の高速ＡＦＭの研究開発にものすごい可能性を直感的に感じて、迷うことなく研究室に配属を希望しました。幸いなことに配属されたその日から、高速ＡＦＭの研究開発を任されました。そのころには、教授の卓越した洞察力や並々ならぬ努力によって、一枚の画像を数秒で撮影できる高速ＡＦＭができていましたが、研究室の先輩から顕微鏡装置を構成する機器の動作原理や性能について一年間みっちりと教わり、新しい装置を導入すると、一枚の画像を〇・〇八秒の間隔で連続撮影できるようになりました。そしてタンパク質分子を観察してみると、基板の表面でふらふらと動くタンパク質分子の様子を初めて観察できました（図23・2）。このときは安藤教授とまさしく飛び上がって喜びました。二〇〇一年のことでした。

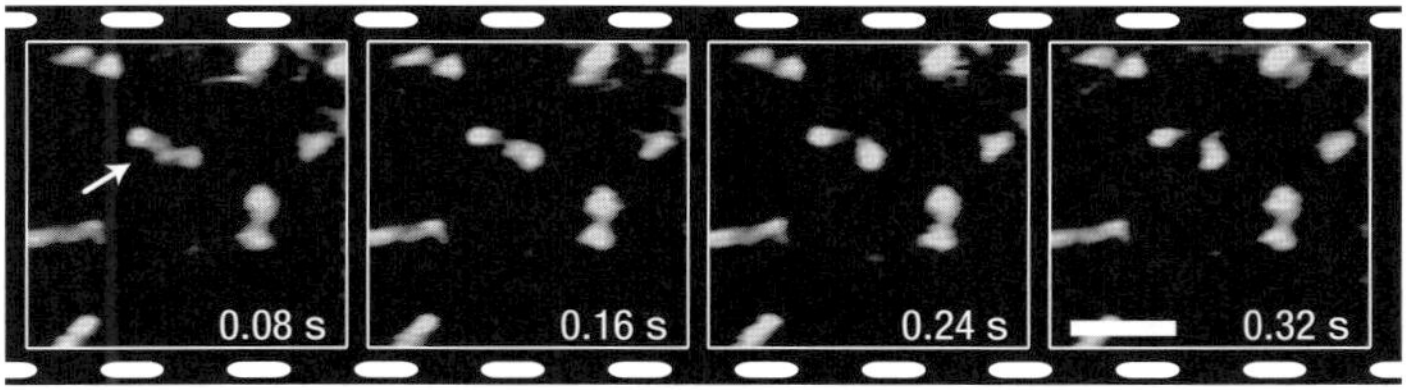

図23・2　高速AFMで初めて撮影されたタンパク質分子　ゆらゆらとブラウン運動するミオシンV分子を動画で観察することができた．矢印の分子に注目．途中で形が変わっているのがわかる．1枚の画像は0.08秒で撮影されている．右端の画像にあるスケールバーは50 nm.

実験室で飛び上がると、ナノメートル程度の振動が簡単に生じ、撮影した画像が乱れてしまうので、本当のところ飛び上がってはダメなのですが。

ところがその喜びもつかの間、当時の高速ＡＦＭでタンパク質分子を観察すると、タンパク質分子がたちまちに壊れてしまうことが判明しました。これは、ＡＦＭの探針のタンパク質分子を触る力が強すぎるためで、この問題を解決しないと、タンパク質分子が働いている最中の姿は到底見えそうにありませんでした。来る日も来る日も教授と解決策を練っては実践し、その効果を確かめました。苦労の末、二つのいいアイディアにたどり着き、それらを実践すると、これまで壊れてしまっていたタンパク質分子を壊さずに観察できるようになりました。二〇〇六年のことでした。このときに実感したのは、「七転び八起き」の精神が重要だということです。何事もうまくいくまで試行錯誤すればいいだけなのだと思いました。また、ここで膨大なアイディアを考え、実践したことは、自分の血となり肉となっていると思います。うまくいかなかった方法をたくさん発見できたと楽天的に考えています。ここでのアイディアはいつかどこかで利用できるかもしれません。

現在の成果と今後の展望

　最近では、自ら開発してきた高速ＡＦＭを用いて、いろいろなタンパク質分子が働いている最中の様子を撮影することに取組んでいます。たとえば、ミオシンＶとよばれるタンパク質分子では、まるでヒトが歩くように運動する様子をビデオ撮影すること成功しました（図23・3）。ミオシンの運動メカニズムを巡っては、『歩く』か『滑る』の説で三〇年来の激しい論争が続いていたのですが、私たちの高速ＡＦＭ観察で、『歩く』が正しいということが単刀直入に証明されました。また、ミオシンがトコトコと歩く様子がとても可愛らしいので、テレビや新聞でも広く報道されました。その他にも、高速ＡＦＭによるタンパク質分子の観察によって、生物学の教科書を書き換えるような発見が相次いでいます。

　最後になりますが、高速ＡＦＭで溶液のなかのナノメートルの世界をのぞいてみると、タンパク質分子が驚くべき動作原理をもって活動していることに感心し

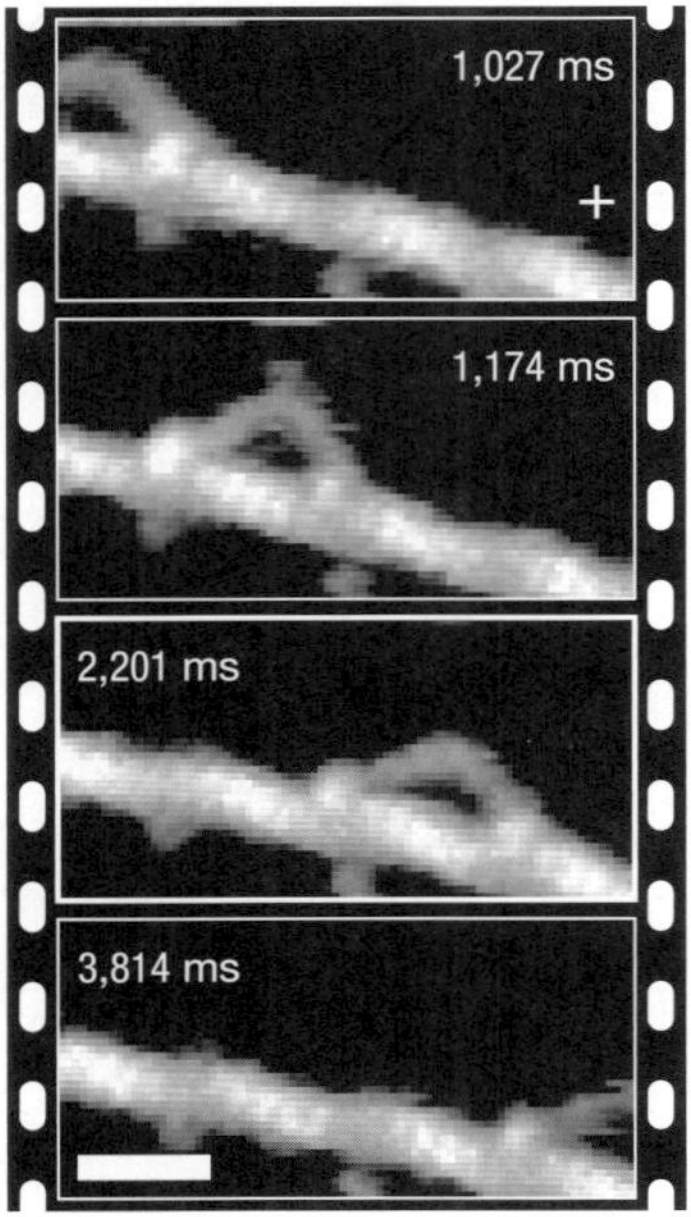

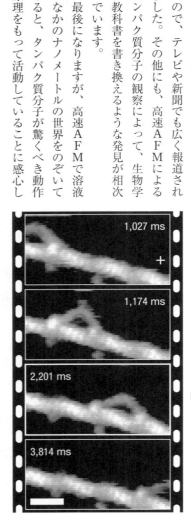

図23・3　高速AFMで撮影した歩行運動中のミオシンV　二つの足状の部位を使って，繊維状タンパク質（アクチン繊維）の上を＋の方向に進むのがわかる．１枚の画像は0.147秒で撮影されている（2〜4枚目の間はコマ送りしている）．スケールバーは30 nm．YouTubeでミオシンＶと検索すると動画が見られる．

きりです。溶液のなかのナノメートルの世界は、まだほとんどの人が見たことがない未踏の世界なので、まだまだ新発見が眠っている魅力的な世界というのは間違いなさそうです。高速ＡＦＭの開発に携わった当初から考えると、このような観察が日常的にできるようになったのは夢のようです。すばらしい師匠、先輩、同僚、後輩に出会えましたし、研究を続けてきてよかったなあと思うばかりです。とはいえ、高速ＡＦＭには、まだまだ技術的に改良可能な部分がたくさんあります。今後も永続的な努力で開発・改良を続けることで、それらの課題を解決し、いろいろなタンパク質分子の働く仕組みを解き明かしていきたいと思います。

第24章　ケミカルバイオロジーの最前線
——細胞の中で生きた酵素の働きを「見る」

小松　徹
浦野泰照

有機化学は、天然物や薬の構造を明らかにすることや、これを改変して新たな化合物をつくり出す基本となる学問領域ですが、近年の有機化学の発展を受けて、これらの化合物を使って生命の成り立ちを明らかにすることを目指す**ケミカルバイオロジー**という学問の勃興がみられています。この化学と生物学の橋渡しともよべる新たな学問領域の成り立ちと、筆者らの取組みについて簡単に紹介します。

ケミカルバイオロジー——化合物を使って生命を理解する

私たちは、体調を崩すと薬を飲みます。薬は多くの場合、体内で特定の作用を示す単一の化合物ですが、そのうちのいくつかの化学構造を図24・1に示します。私たちが薬を摂取すると、これらの化合物が体内を循環し、簡単な症状であればその日のうちにも改善がみられます。ところで、皆さんは、この薬というのはなぜ効くのか、ということを考えたことはあるでしょうか？　化学の力を使って生物を明らかにするケミカルバイオロジーという学問は、正にこのような疑問に端を発しています。まずはこのあたりから話を始めていきましょう。

図24・2に示す化合物ＦＫ５０６は、筑波山の土壌細菌（ストレプトマイセス・ツクバエンシス）から単離された天然物です。この複雑な構造をもつ化合物は、身体の免疫作用を抑える薬として用いられていますが、なぜＦＫ５０６によってこのような作用が見られるのでしょうか？一九八〇年代、このような疑問を明らかにすることを目指して、ハーバード大学のスチュワート・シュライバー（Stuart L. Schreiber）教授は、ＦＫ５０６に結合して化合物の作用を介在するタンパク質を体内から探し出すことを目指した研究を行いました（章末文献１）。生体内に

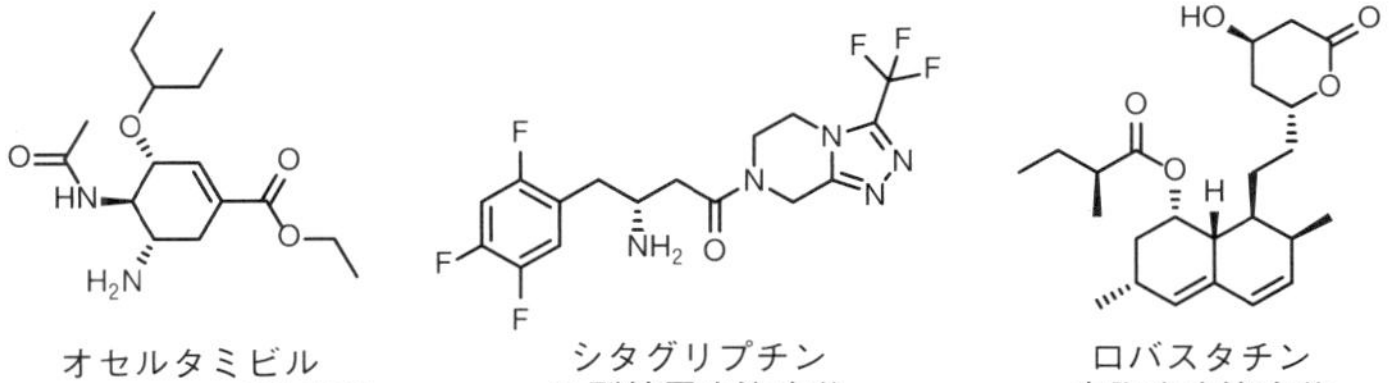

図24・1　現在市販されている薬の例　それぞれの化合物は，どのようにして作用しているのでしょうか？（答えは文章中に記載されています）．

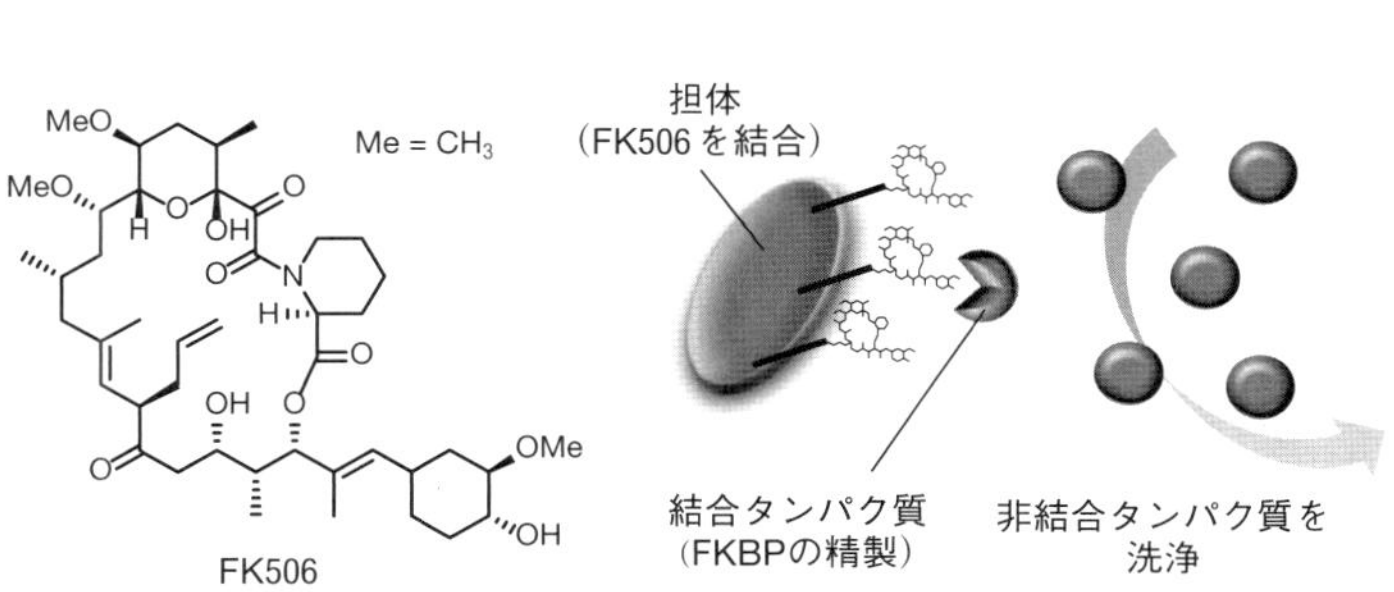

図24・2　FK506の結合タンパク質を精製する方法　これによってFKBPが単離され，その機能の解明が進められました．

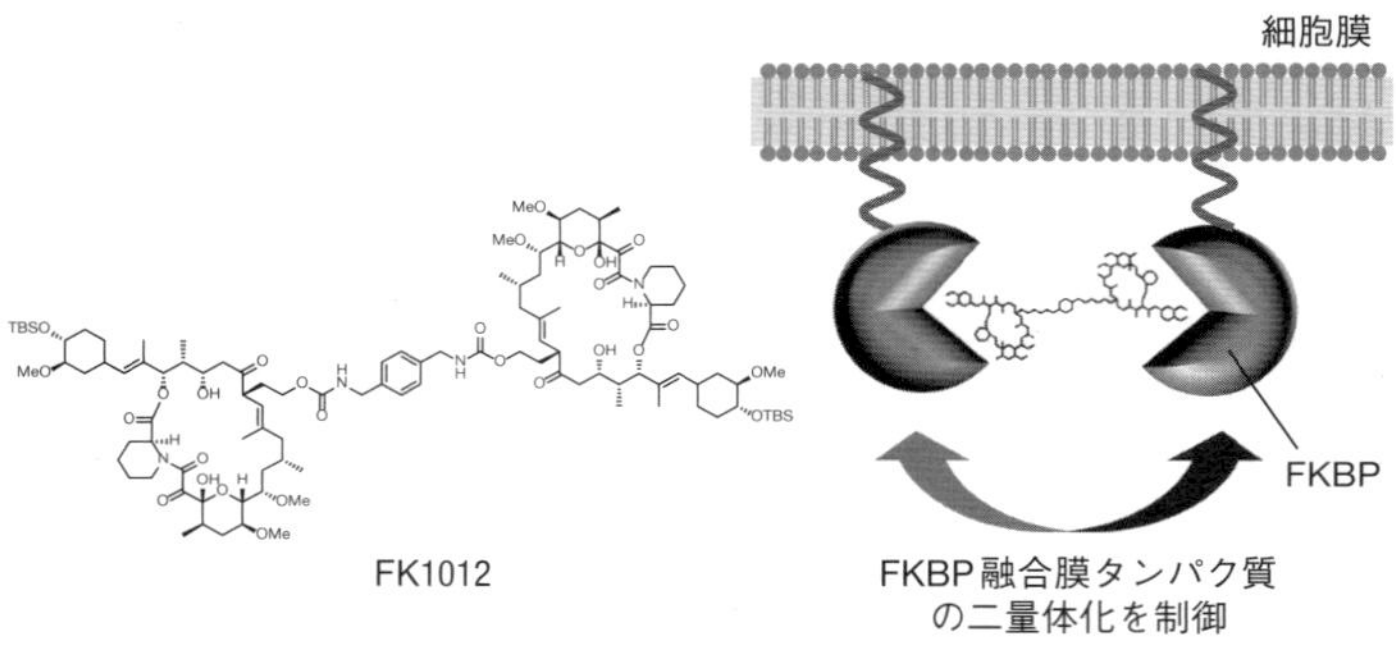

図24・3　FK506の二量体を用いる実験系　FK506の二量体であるFK1012を用いて細胞内のタンパク質の動きをコントロールする実験系が開発されました.

は、二〇、〇〇〇種類を超える遺伝子から合成される多様なタンパク質が存在していますが、多くの薬はこれらのうちで特定のタンパク質と結合し、その働きを変えることで役割を発揮します。シュライバー教授は、担体にＦＫ５０６を結合させたものを用意し、生体内でこれと結合するタンパク質を保持し、結合しないタンパク質を洗い流すという手法により、ＦＫ５０６結合タンパク質ＦＫＢＰを精製し、これを決定することに成功しました（章末文献2）。このように、化合物がどのようなタンパク質に作用して機能を発揮するかを明らかにするという考え方は、化学と生物をつなぐ重要な橋であり、これがケミカルバイオロジーという学問分野の根本となっています。ちなみに、シュライバー教授の考えはそこからさらに発展し、ジェラルド・クラブツリー（Gerald R. Crabtree）教授と共同して、ＦＫ５０６の二量体を任意のタイミングで細胞に加えることによって、ＦＫＢＰの動きを変え、細胞の機能を任意にコントロールするという実験系の開発にも成功しています（図24・3）。このように、化学の力を使って細胞の働きを「理解する」ことと「制御する」ことは、現在のケミカルバイオロジー研究の両輪となっています。

「見る」ケミカルバイオロジー研究

このようなケミカルバイオロジー研究は、日本においても非常に盛んに行われています。筆者らは五年ほど前にケミカルバイオロジーの国際学会に参加した際、あるヨーロッパの先生に、「日本のケミカルバイオロジー研究は何かを『見る』研究が多いね」といわれたことがあり、同じ研究分野でも国によって研究の特徴があるというその先生の考え方を非常に興味深く思ったことを覚えています。確かに、日本においては、これまでに見ることができなかったものを高感度化、高精度化によって「見える」ようにする技術開発の研究が盛んに行われています。もちろん、これと並んで「制御する」研究も盛んに行われているのですが、その一方で（以下は完全な私見ではありますが）、この「見る」という研究は、日本人の気質に合っている面が多分にあるかもしれないということを思います。

司馬遼太郎氏の著書（『世に棲む人々』、文春文庫）に、日本人の性質を表現したおもしろい文章があります。「見ればすぐ本質がわかるという聡明さが島国の人間にはそなわっており、井上（注：井上馨のこと）や伊藤（注：伊藤博文のこと）にはそういう種類での代表的日本人とでもいうべきするどい直観力があった。『見た』ということは、大陸の人間にとってはなんでもないことであっても、この島国のひとびとにとってはそのものが衝撃になり、エネルギーになるのである」。これは、鎖国後に海外へ出てこれを見た明治維新の元勲たちが、ヨーロッパの文化をいかに速く吸収したか、ということへの驚きを込めて書かれた文章ですが、広い国土で新しい情報が常に行き来する大陸とは異なり、情報が限られた空間で過ごす島国の人間は、外の世界を「見る」という機会から最大限の情報をひき出すことに歴史的に慣れているというのです。もちろんこれは江戸時代後期の日本人についての記述で、現代の研究者の話にこれを当てはめるというのもいささか安直な気はしますが、「見る」ことによって得られる情報から何をひき出すか、ということは、この分野の研究にとっては非常に重要なことであり、「見る」ことに喜びを見いだすことは、この分野の研究を続けていくうえでの強力な駆動力であることは間違いないと思います。

酵素の働きを「見る」

さて、私たちは、このような「見る」ケミカルバイオロジー研究の一つとして、細胞の中の**酵素**の働きを「見る」ことによって理解する研究を行っています。酵素は、細胞内のタンパク質の主要な一群を成すものであり、生体内の何らかの物質を代謝して別の物質に変換させる働きをもっています。私たちの身体の中では、常に何千種類もの酵素が働いており、ある酵素の機能の異常は、生体のバランスを崩し、疾患の進行につながりえます。このため、ある特定の酵素の働きの異常は、疾患を診断するための重要な因子となっており、また、現在開発されている薬の半数近くは、疾患につながるある特定の酵素の働きをコントロールする目的で用いられています。先ほど図24・1で示した化合物も、実は左から順にノイラミニダーゼ、ジペプチジルアミノペプチダーゼⅣ、HMG-CoAレダクターゼ、というそれぞれ異なる酵素の働きを体内で抑えることで効果を発揮する薬です。

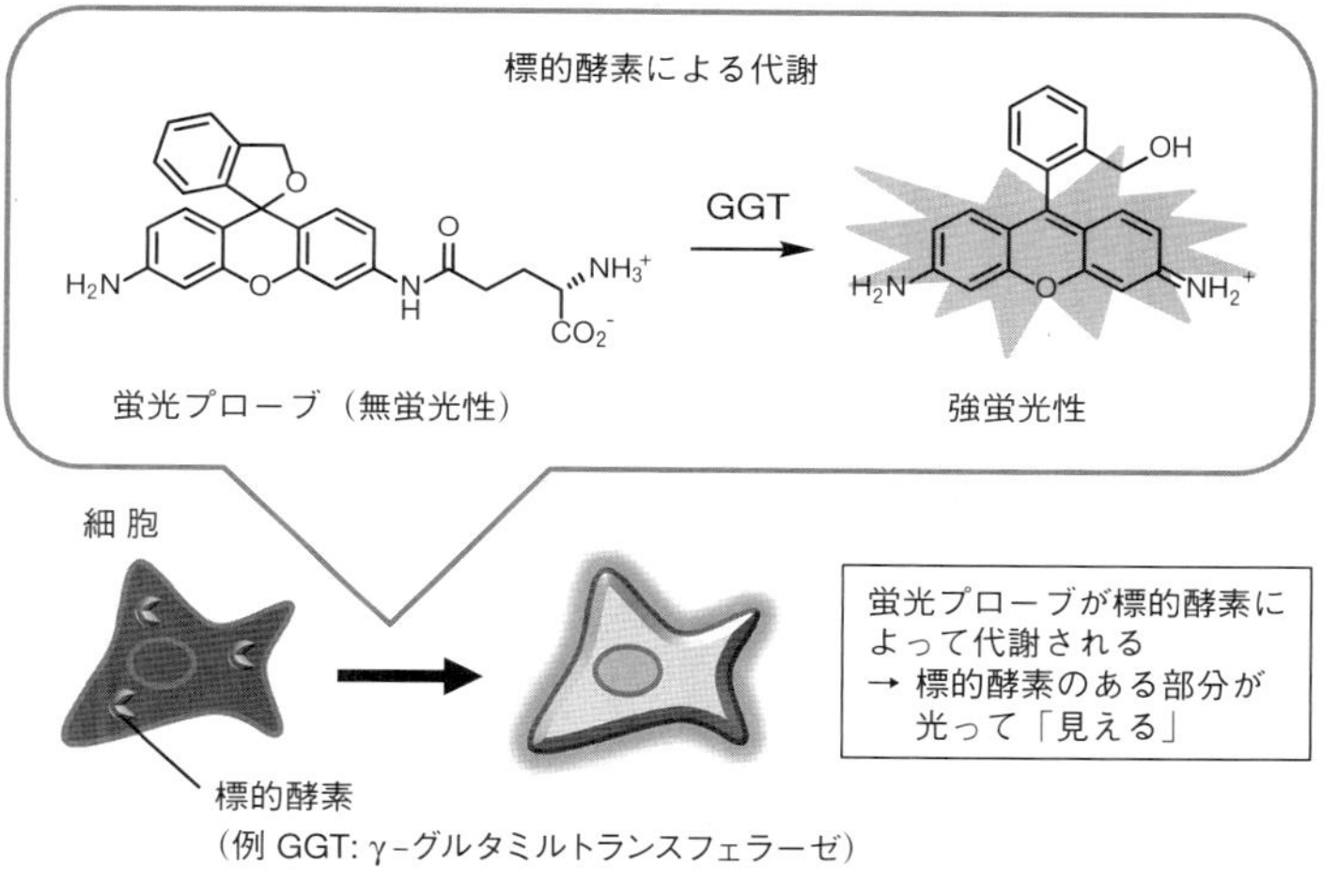

図24・4　酵素によって代謝されて光る蛍光プローブの働き　細胞の中の酵素の働きを知ることができる光る物質「蛍光プローブ」を使うことで，基礎研究から臨床研究までのさまざまな応用研究がなされています．分子の設計原理については，章末文献3, 4をご参照ください．

私たちが開発を行っている「蛍光プローブ」は、このような酵素の働きを光らせて「見る」ことを可能とするものです。これは、蛍光プローブが標的酵素に基質として代謝され、光らないものが光るようになる、というものであり、標的酵素が生きて働いている様子を、その生成する光る物質の量によって知ることができます（図24・4）。これにより、①酵素の働く様子を知る（生物学、生化学研究）、②病気によって酵素の働きが変わっている様子を明らかにする（病態診断）、③酵素によって光る様子が抑えられることで、薬の効き方を知る（創薬研究）、などの幅広い応用がなされています（章末文献2、3）。これらのうちから、ここでは②に関連する最新の研究例について簡単に紹介させていただきます。

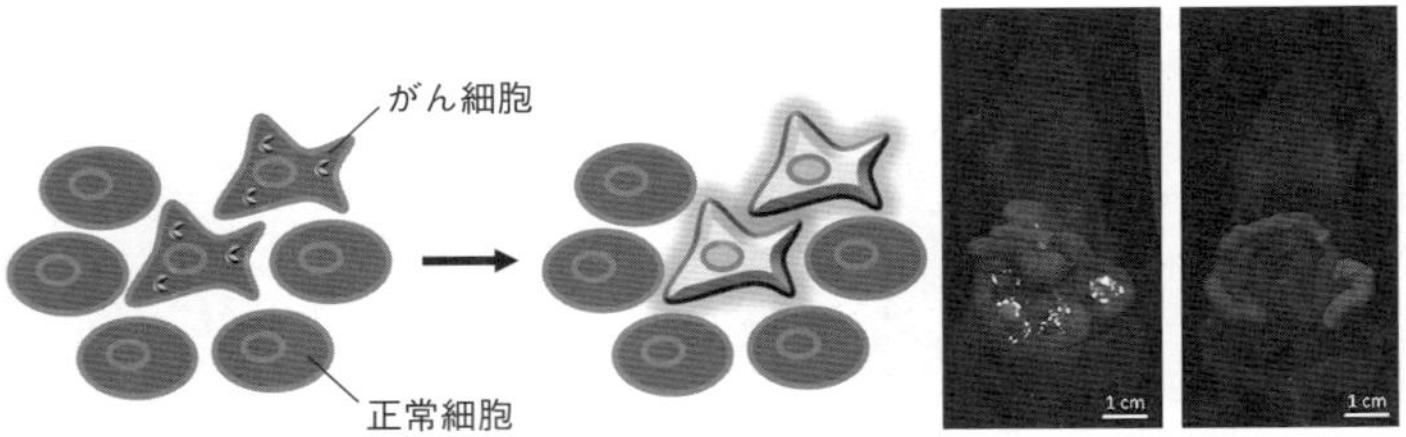

図24・5　がん細胞を光らせる　がん細胞に多く発現する特定の酵素（GGTなど）を光らせることによって，がん細胞を光らせて「見る」ことができます．図はヒト卵巣がん細胞を播種したマウス（SHIN3，写真左．写真右は通常のマウス）のがんを光らせて見つけることに成功した例．*Sci. Trans. Med.*, **3**, 110 ra 119（2011）より転載．

ここで紹介する研究（章末文献1、4）では、がんにおいて機能の上昇がみられる酵素γ-グルタミルトランスフェラーゼ（GGT）の働きによって代謝され、蛍光性となる蛍光プローブの開発を行いました。目的に適うように蛍光プローブを設計、合成し、GGTの活性が向上しているがん細胞を培養している培地中に添加すると、がん細胞の表面に存在するGGTの働きによってこれが光る物質へと変換され、がん細胞が光る様子が観察されました（図24・5）。この働きは、GGTの活性が向上していない正常細胞ではみられず、両者の差は、がん部位と正常部位が共存しているなかで、がん部位のみを光らせて見つけることができるレベルのものでした。実際に、腹腔内にGGT発現がん細胞が播種（はしゅ）されたマウスのがん部位の周辺にこれをスプレーで噴霧すると、がん細胞のみが光ってくる様子が観察され、さらにこの結果はヒトのがんの外科手術検体についても確認されています。これにより、ケミカルバイオロジーの研究ツールである蛍光プローブを用いて、ヒトの**がんを選択的に光らせて見つ**

ける、という新たな技術が確立しつつあります。外科医が外科手術によってがんを切除する際に、再発を防ぐためには小さいがんを見つけて取り逃しがないようにすることが重要ですが、小さいがんは往々にして「見る」ことが困難です。がんを高感度に光らせてこれを「見る」ことを可能とする本技術は、このような外科手術中のガイダンスにおいて非常に有用な技術として発展していくことが期待されます。

おわりに

本章では、化学の知識を利用して生命を理解するケミカルバイオロジーの研究とその最新の知見について概説しました。その起こりが天然物の生理活性を評価する研究からスタートしたという流れからも、ケミカルバイオロジーと天然物の研究は、切っても切れない関係にあることがわかります。私たちの研究は、目的の物質を光らせる化合物を新たに合成し、その機能を評価し、細胞の中でこれを働かせる、というものですが、これが狙ったとおり、あるいはときに偶然を伴って成功したときの喜びはひとしおです。特に、光る分子を用いて目的の酵素や目的の細胞を光らせることに成功したときには、いつまでもその光る様子を眺めていたいようなそんな気持ちにさせられます。「見えない」ものを「見る」、ということは、多くの研究者にとって共通の欲求であるかと思いますが、これが幸いにも医療応用という形につながり、将来人々の役に立つ発見につながるとすればそれは無上の悦びです。もし本章を読んでこの研究分野に少しでも興味をもっていただけるようであれば幸いです。

参考文献

（1）「特集：ケミカルバイオロジー」、『現代化学』、No. 541, 4月号（2016）.
（2）小松徹、『実験医学 Vol. 32–No.2（増刊）：アカデミア創薬の戦略と実例』、「第1章-4 アカデミア創薬における創薬標的タンパク質の探索研究」、羊土社（二〇一四）。
（3）小松徹、『実験医学 Vol. 32–No. 15（増刊）：驚愕の代謝システム』、「第3章-3 代謝活性を視る。標的酵素を探す」、羊土社（二〇一四）。
（4）神谷真子、浦野泰照、『実験医学 Vol. 30–No. 7（増刊）：疾患克服をめざしたケミカルバイオロジー』、「第2章-9 蛍光プローブの精密設計に基づく *in vivo* 迅速蛍光がんイメージング」、羊土社（二〇一二）。

第25章　天然物合成の愉しみ

福山　透
横島　聡

天然物合成の目的

天然の動植物や微生物から得られる低分子有機化合物である天然物を人の手でつくる、という研究が古くから行われてきました。有機化学の知識と技術を駆使して、容易に手に入る化合物から、目的とする天然物を合成する方法（合成経路）を見いだす研究です。そのような研究を「天然物の**全合成研究**」とよびます。

その目的はさまざまですが、たとえば①天然物の**構造決定**をあげることができます。通常、天然物の構造は、分析機器を用いて得られるデータから決定がなされますが、そのような分析的手法だけではどうしても構造が決まらない場合があります。そのときは、予想される構造をもつ化合物を、信頼のおける有機化学の手法を用いて合成し、天然物とその構造を比較するという方法がとられます。構造決定において最も確実な方法の一つであり、分析機器の技術が向上した今日でも、全合成による構造決定の重要性は失われていません。

②貴重な天然物を供給することも全合成研究の一つの大きな目的であります。天然物は天然の生物から得られるものの、その生物が希少な場合、または大量に集めることが難しい場合、天然物を用い

た応用研究へと発展させるために必要な量の化合物を得ることが困難となります。そこで求められるのが全合成研究です。全合成研究により効率的な合成経路が確立されると、有用な天然物を供給できるようになると同時に、③その天然物の構造に一部手を加えた化合物も合成することができるようになります。そのような化合物は天然物の**誘導体**とよばれ、天然物がもつ毒性や不安定性などの弱点を克服し、天然物の医薬品としての応用の可能性を広げます。天然物そのものの構造を変換し、直接誘導体を合成する方法もありますが、その場合、反応性や安定性など、天然物のもつ性質に依存した変換しか行うことができず、得られる誘導体の種類は限定的とならざるを得ません。一方、全合成経路を基盤とした誘導体合成は、もちろん合成経路に依存する制限は受けますが、原理的には目的とする任意の構造改変を化合物に施すことが可能であり、より幅広い誘導体を得ることができます。

合成経路の重要性

天然物の合成では、容易に手に入る化合物を出発原料として選び、有機化学反応を施すことで、目的とする構造をもつ化合物へと変換していきます。通常一工程で目的とする天然物を得ることは難しく、複数の工程を必要とします。つまり、一つの工程の結果得られる生成物を原料として、次の反応を行います。そのため生成物の**収率**は重要な問題となります。一つの工程の収率が仮に九〇パーセントだとしても、それが七工程続くと、あっという間に通算での収率は五〇パーセントを切ってしまいます（$0.9^7 \fallingdotseq 0.478$）。

収率以上に重要となるのが、どのような合成経路を設計するか、という問題です。すでに確立された合成経路がある場合は、化合物を多少なりとも供給するだけなら時間と手間をかければその目的を達することはできます。しかしながら、合成経路が確立されていない天然物については、誰も設計図をもっていないので、ゼロから合成経路を組立てる必要があります。

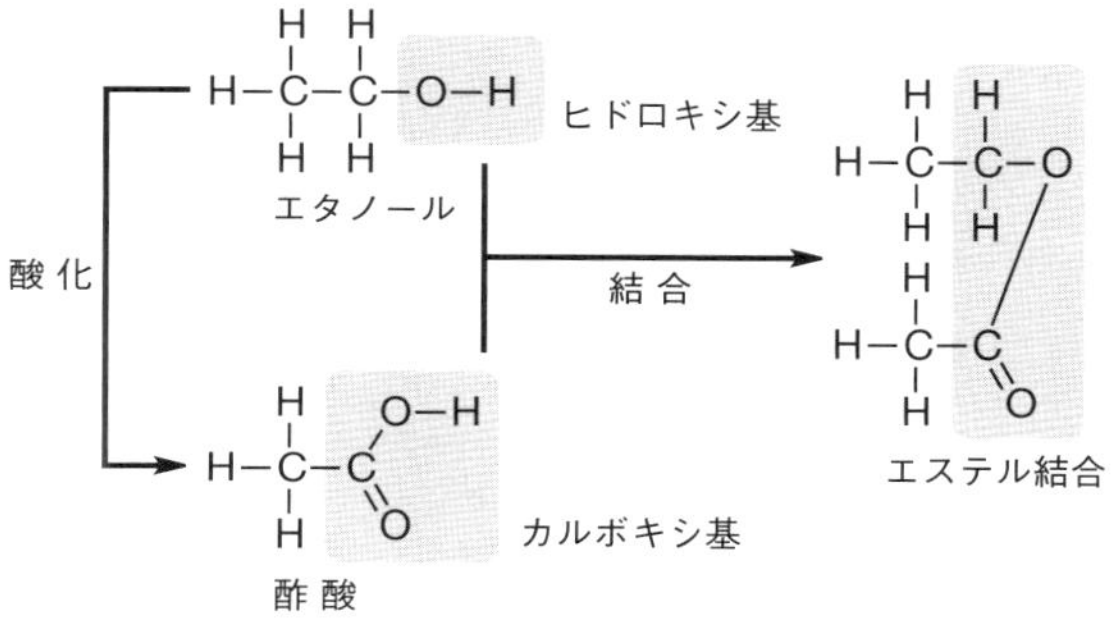

図25・1　官能基とその変換の例

有機化合物は、いわば**官能基**の集合体です。官能基とは、複数の原子が集まり特定の形で結合することで、一定の性質を示すものであります。たとえば、図25・1に示すような酢酸などのカルボン酸に含まれるカルボキシ基、エタノールなどに含まれるヒドロキシ基などがあります。化合物の性質は、これら官能基の組合わせで決まります。

一方、有機化学反応は、特定の官能基を目的とする官能基へと変換する操作であります。たとえばヒドロキシ基を酸化してカルボキシ基へと変換するなど、官能基ごとにさまざまな種類の反応が存在します。ヒドロキシ基とカルボキシ基からエステル結合を形成するというように、二つのユニットを結合するという反応もあります。有機化合物は官能基の集合体であると述べましたが、このことから理想的には、目的とする化合物のもつ官能基を備えるように、必要な有機化学反応を順序よく適用していくことで、化合物の合成は可能とな

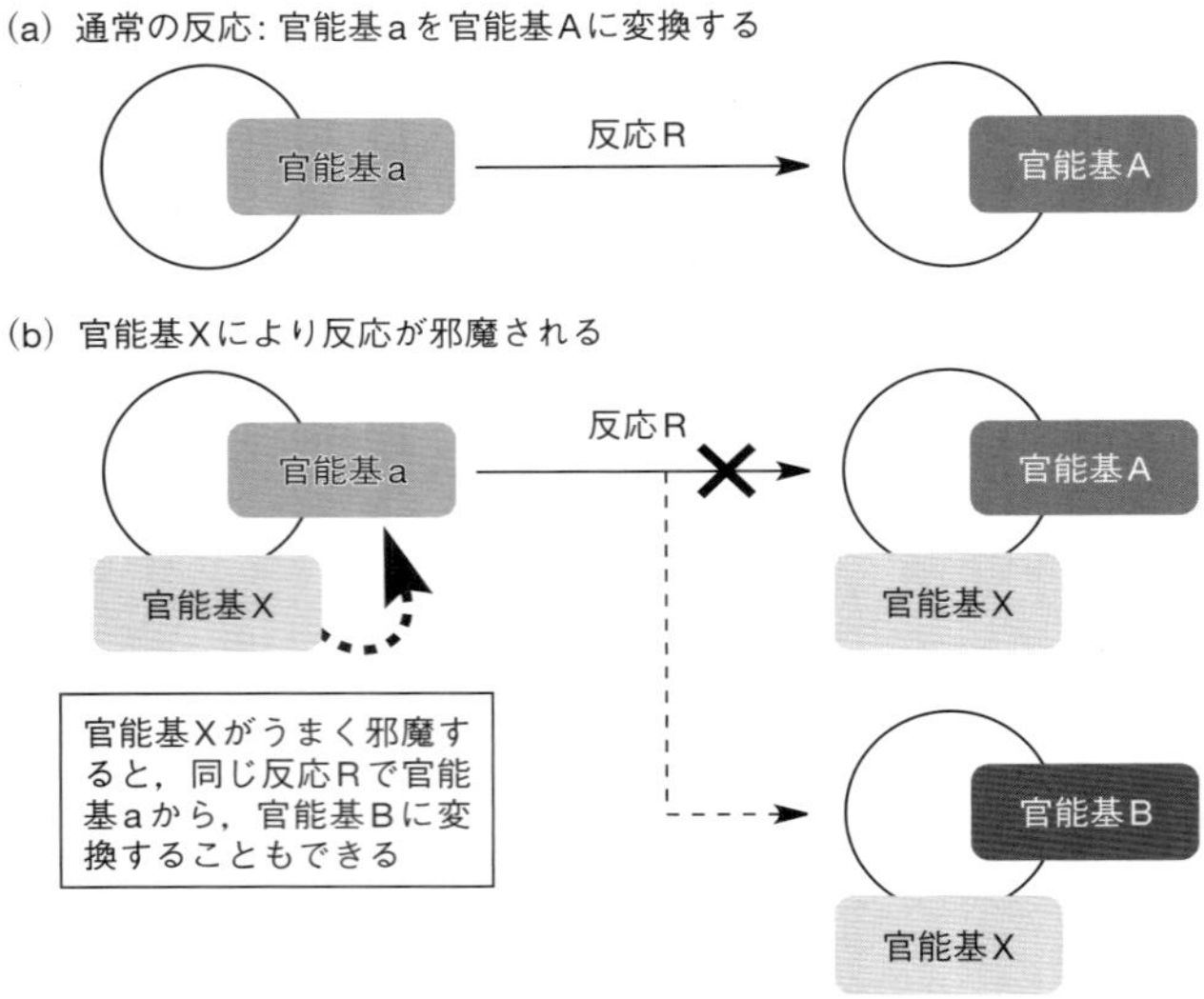

図25・2　官能基と有機化学反応

ります。実際そのような考え方にもとづき、ペプチドや核酸など特定の種類の化合物については、**自動合成装置**の開発もなされ、有機合成の専門家でなくても目的とする分子を得ることが可能となっています。ところが、天然物のように多くの官能基を併せもつ化合物の合成では、その合成経路の設計・確立は単純にはいきません。

有機化学反応は官能基に変換を施す操作であると述べましたが、複数の官能基が分子中に存在すると、変換しようとする官能基に対して別の官能基が邪魔をして、反応が想定通りに進行しないことがあります（図25・2）。一つの解決法として、邪魔する官能基を「不活性」な状態とすることで、目的とする反応を達成させることがあります。この「官能基を不活性な状態にする」操作を**官能基の保護**とよび、天然物の全合成研究でも頻繁に用いられます。官能基の保護を行うと、保護とその保護からの回復（脱保護）のために余分な工程が必要となるのが欠点ですが、より使いやすい保護法の開発は、天然物の全合成研究において重要な課題です。また逆に、官能基の保護、脱保護という余分な工程を経なくてもよい、目的とする官能基だけを狙って変換を施すことができる、新しい有機化学反応を開発することも強く望まれています。

また、個別の有機化学反応で問題を解決するのではなく、必要な官能基を必要なタイミングで化合物の中に登場させられるように合成を計画することも、効率的な合成経路を確立するために重要です。さらに「別の官能基の邪魔」を利用することで、反応の単純な組合わせだけでは実現できない合成法を確立することも可能です。有機化学反応は、原料を入れると突然生成物へと変身する、というような魔法の道具ではありません。原料に含まれる官能基がその反応条件において、反応機構に従い段階的に変化し、最終的に生成物へと至る、というものです。その反応途中の段階において、分子内の別の官能基がうまい具合に「邪魔」してくると、予想される官能基の変換とは異なる結果が得られてきます。この「邪魔」は、もしかしたら新しい現象の発見かもしれません。

天然物の全合成研究に限りませんが、有機化学の研究は上述のような官能基同士の関わりの学問ということができます。天然物は一般に分子内に多くの官能基が存在することから、その全合成研究ではより多くの官能基同士の関わりに立ち会うことになります。それらの官能基を、ときには独りで、ときにはまわりの多くの官能基と交わらせながら反応を行い、目的とする天然物の合成経路の確立を目指すのが天然物の全合成研究であり、幅広い有機化学の現象を目の前で楽しむことができる分野でります。合成経路の確立には失敗の積み重ねと多くの努力が必要ではありますが、最終的に得られる天然物やその誘導体は、医薬品開発を含めた応用研究への展開の足掛かりとなるものであり、幅広い分野へとつながる基盤的かつ魅力的な学問分野です。また、天然物全合成で得られる知識は、複雑な有機化合物を構築するためには不可欠であり、「想像できるすべての化合物をつくりたい」という人間の夢に大きく貢献するものです。

第26章　天然物化学の新展開——構造から生物活性へ

上田　実

天然物の魅力は、われわれの意表を突くような多様かつ複雑な化学構造と多彩かつ神秘的な生物活性をもつことです。しかし、天然物研究の興味の中心は、構造化学的なものから生物科学的なものへと変貌しています。最近では、天然物のもつ活性の分子的実体を解明するとともに、その制御を目指す研究が増えつつあります。これは、天然物化学を近年盛んになった**ケミカルバイオロジー**と組合わせる試みです。

1　新しい天然物の探索——構造から生物活性へ

新規な天然物の探索は久しく日本のお家芸といわれてきました。フグ毒テトロドトキシン（12章）、イワスナギンチャクの猛毒パリトキシン（2章）の構造は、世界から驚きの目で迎えられました。しかし近年では、医薬品のシーズなどのより実用的な天然物や、生物学の進歩を促進する新しい化学シグナルの探索など、天然物のもつ生物活性が重視されるようになりました。現代では、多様な評価系を用いて、天然物のもつ生物学的に重要な活性を探索することが求められています。そのため、過去に発見された天然物が当時は誰も想像しえなかった重要な生物学的意味をもっていた、という発見例が相次いでおり、関連した生物学分野に大きなインパクトを与えています。以下に二つの実例をあげます。

新規植物ホルモン ストリゴラクトン類の発見

ある種の作物の根から分泌される物質が、寄生植物の種子発芽を誘導する場合があります。一九六六年、寄生植物ストライガの種子を発芽させる成分として、ストリゴラクトン類の一種ストリゴールがワタの根抽出物から発見されました（図26・1）。このユニークな天然物の発見は話題となりましたが、当時は、なぜ植物が自分の外敵である寄生植物を呼び寄せる物質を分泌するのか、というストリゴールの生物学的意義が大きな謎でした。しかし二〇〇五年、偶然にその意義が解明されました。**5-デオキシストリゴール**が、土壌から植物の根にリン酸塩を供給するアーバスキュラー菌根菌との**共生シグナル**であることが発見されたのです。この菌根菌と植物との共生は、地球上で最も普遍的な共生関係といわれ、その化学シグナルの特定はきわめて重要な生物学的発見でした。ストライガは、その化学シグナルを横取りして宿主の目印としていたのです。しかし実は、モデル植物シロイヌナズナは、ストリゴラクトンを生産するが菌根菌とは共生しません（図26・1）。ここに、なぜ菌根菌と共生しない植物がストリゴラクトンを生産しているのか、という第二の謎が立ち現れました。その解答はまもなく得られました。二〇〇八年、ストリゴラクトン類が植物の**枝わかれを抑制**する新たな**植物ホルモン**であり、高等植物に普遍的に存在することが明らかになったのです。

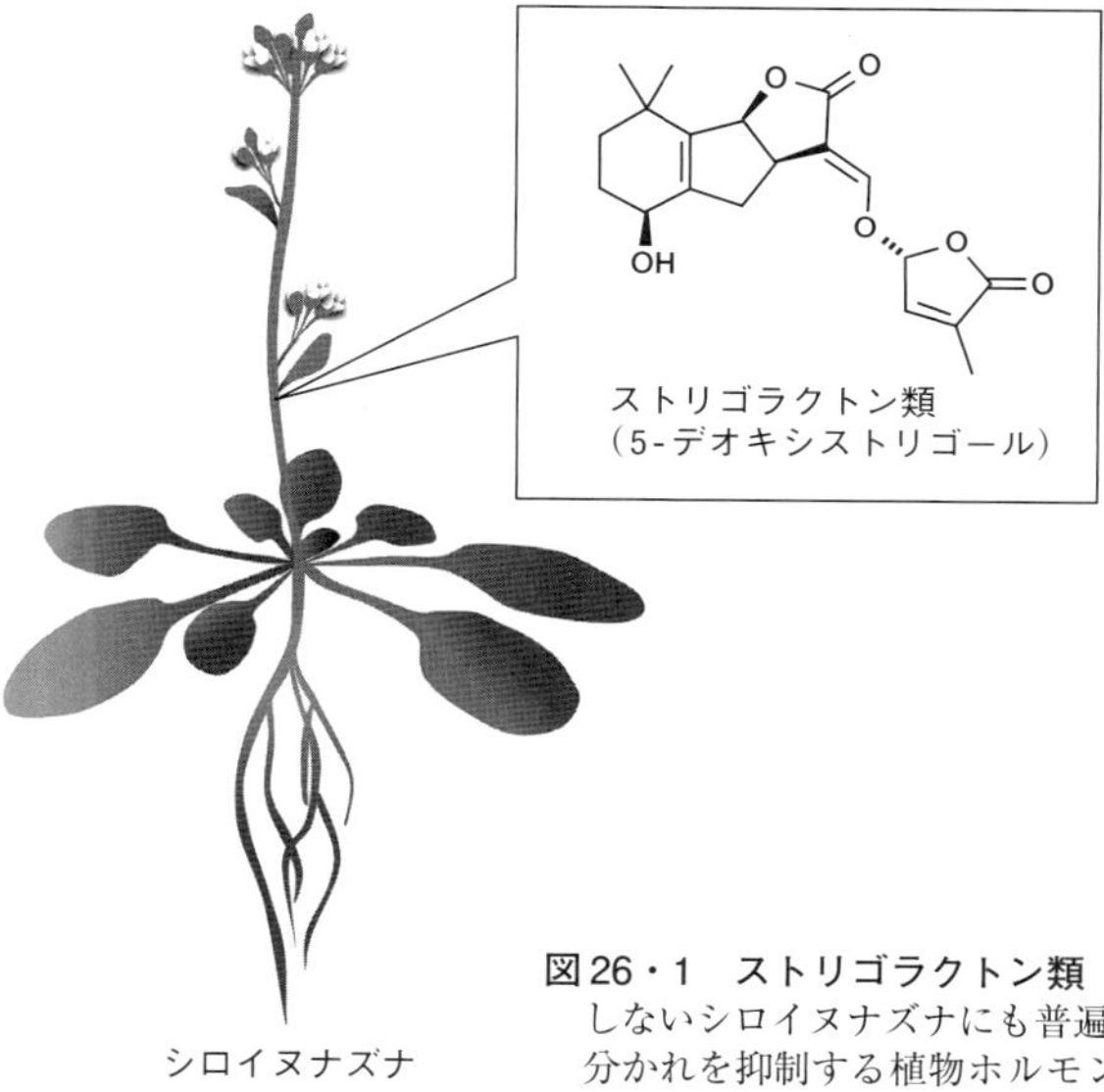

図26・1　ストリゴラクトン類　菌根菌と共生しないシロイヌナズナにも普遍的に含まれ，枝分かれを抑制する植物ホルモンとして働く．

ここで注目してほしいのは、後者二つの研究では探し求めた活性物質はすでに報告された既知物であり、構造的にはおもしろいものでない点です。寄生現象に関与する物質として発見されたストリゴラクトン類は、その後、二つのより重要な生物活性の発見によってその生物学的意義が解明され、植物科学における鍵分子になりました。異なる出発点から始まった三つの生物活性に関する研究が偶然に同じ天然物にたどり着き、四〇年の歳月を経て一つのストーリーとなって収束した見事な例です。

植物毒素コロナチンの発見と発展

コロナチンは、イタリアンライグラスにかさ枯病をひき起こす植物毒素として発見されました（図26・2）。コロナチンに含まれるコロナファシン酸部分の構造は、植物

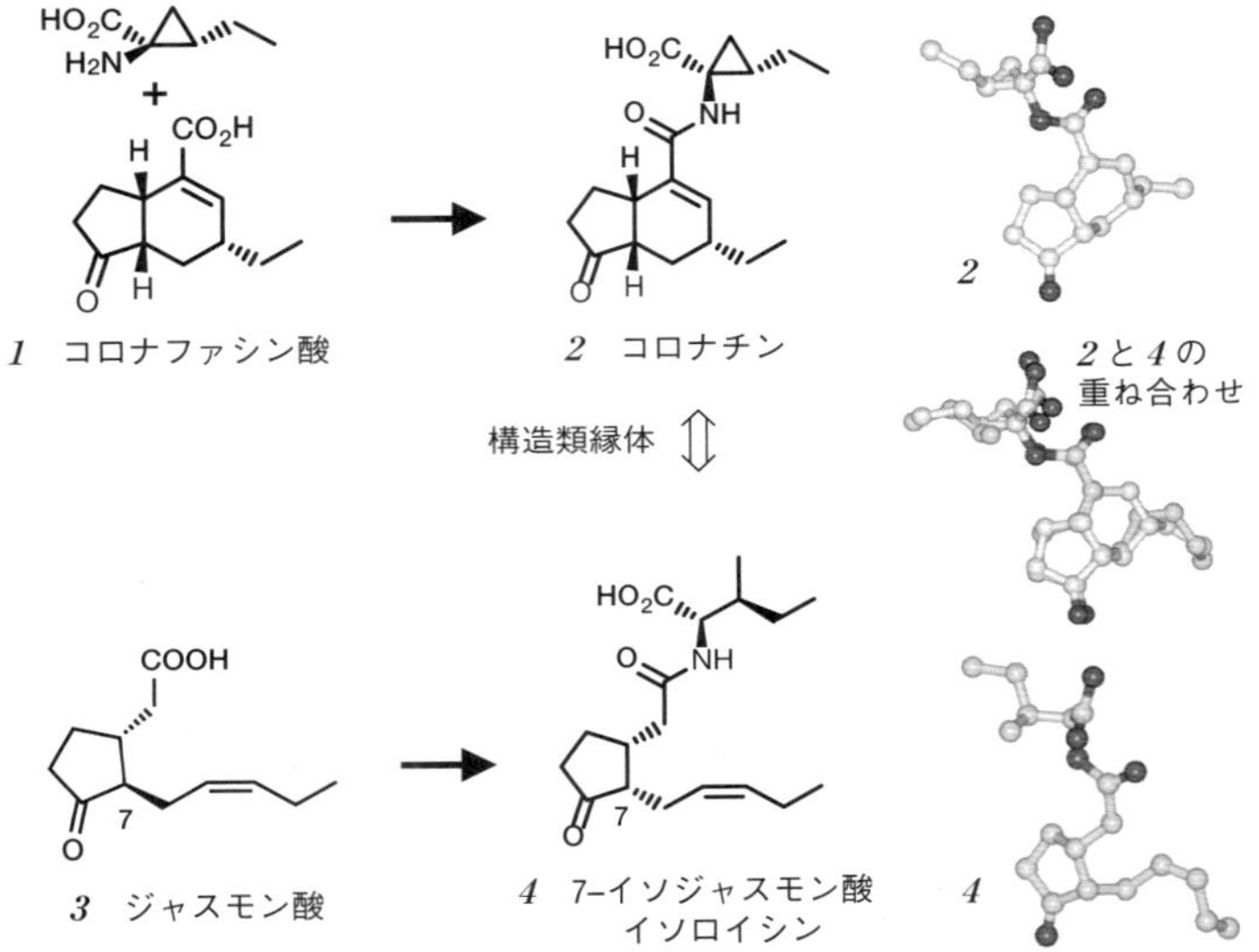

図26・2　コロナチンは真の植物ホルモン7-イソジャスモン酸イソロイシンの構造類縁体である.

の各種ストレス応答（虫による食害、病原菌感染など）に関与する植物ホルモン、**ジャスモン酸**と酷似していました（図26・2）。これを受けて、コロナチンがジャスモン酸と同じ生物活性を示すことが次々と明らかになりました。驚くべきことに、コロナチンはジャスモン酸本体の一〇〇〜一〇、〇〇〇倍の強力な活性を示しました。コロナファシン酸には活性がなく、異常アミノ酸と縮合してコロナチンとなって初めてジャスモン酸活性を示すことから、コロナチンはジャスモン酸のアミノ酸縮合体の構造類縁体として作用すると予想されました。これは、植物ホルモンの活性本体がジャスモン酸そのものでなく、ジャスモン酸とアミノ酸との縮合体であることを示唆していました。

その後の遺伝学的研究から、ジャスモン酸とアミノ酸を縮合させる酵素が発見され、ジャスモン酸の活性本体はコロナチンの構造類縁体7-イソジャスモン酸イソロイシンであることが証明されました(図26・2)。植物ホルモンと思われていたジャスモン酸は、実は植物ホルモン活性本体の生合成前駆体だったのです。この驚くべき発見は、コロナチンの存在なくしてはありえませんでした。活性本体の解明によって初めて、受容体探索が可能となり、コロナチンはジャスモン酸イソロイシン受容体の発見やシグナル伝達経路の解明において不可欠なツールとして用いられました。

この場合には、構造の類似性からコロナチンのもつジャスモン酸様活性を探索したことが、その後の展開の端緒となりました。構造の類似性に着目する化学者の発想が、植物ホルモンの活性本体の解明に大きく貢献し、それが生物研究を爆発的に展開させた例です。これは、構造式を理解できる化学者が生物活性を中心に研究を行ったことで、初めて可能になった研究といえます。

2　天然物ケミカルバイオロジー ── 天然物の標的タンパク質と標的選択性の制御

天然物は、生体内でどのような**標的タンパク質**と相互作用して生物活性を示すのでしょうか？　天然物の生物活性に興味をもつ以上、この謎は最も興味深いところです。近年、天然物の標的タンパク質決定が徐々に成功しつつあります。これは、天然物を固定化したナノビーズを用いて細胞内容物から標的タンパク質を分離する**ビーズテクノロジー法**や、各種遺伝学的方法、天然物にタンパク質との反応性官能基を導入した**分子プローブ法**などの発展によるところが大きいでしょう。これに伴って、

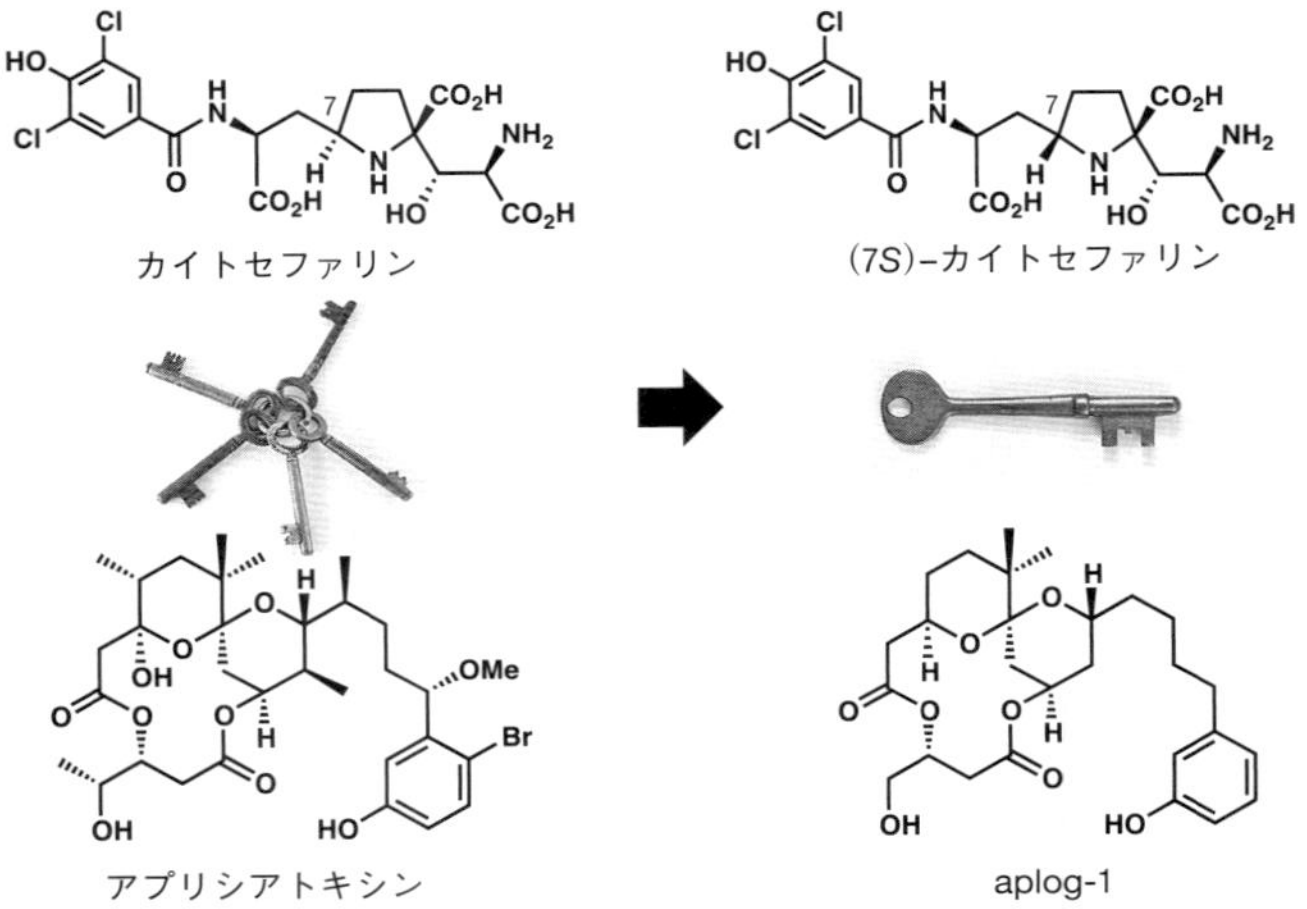

図26・3　鍵束から鍵へ；天然物の立体異性体を利用して，標的選択性の人為的な制御が可能である．

天然物は通常、生体内で複数の標的と相互作用する複雑な作用機構をもつことが明らかになってきました。従来、「鍵と鍵穴」にたとえられたこの関係は、実際には「鍵束と複数の鍵穴」だったのです（図26・3）。天然物を生物学研究に用いる場合や医薬としての応用を考える場合には、複数の標的との相互作用はクリアな結果を与えない場合があります。このため、**標的選択性**を人為的に制御して、「鍵束」を「鍵」に分解する方法論が必要です（図26・3）。

近年の研究で、天然物の立体化学異性体がこの目的に利用できることが明らかになってきました。複雑な構造をもつ天然物は、通常、分子中に複数の立体中心をもちます。その結果生じる分子の三次元的な「形」が、複数の標的との相互作用に必要であると考えられます。もし、その「形」を少しだけ崩すことができれば、相互作用できる標的は減少するでしょう。立体異性体はこの目的にまさに最適です。

海洋天然物**アプリシアトキシン**（図26・3）は強力な発がんプロモーターとして知られていますが、発がんプロモーター作用に関係するPKCαと、がん細胞増殖抑制に関与するPKCδ、未知標的Xの三つの標的分子と相互作用します。アプリシアトキシンの構造から立体中心を削減したaplog–1（図26・3）は、驚くべきことに発がんプロモーター作用に関係するPKCαに結合しません。つまり、立体構造のチューニングによって、発がんプロモーターをがん細胞増殖抑制剤に変化させることに成功したわけです。

また**カイトセファリン**（図26・3）は、中枢神経系に存在し記憶や学習に深く関係するグルタミン酸受容体のアゴニストであり、複数のサブタイプと相互作用します。特に、AMPA型（注1）とNMDA型のサブタイプ選択性が低い点が問題でした（AMPA/NMDA = 76）。カイトセファリン分子中の7位の立体中心を一つ反転させた（7*S*）-カイトセファリン（図26・3）は、AMPA型サブタイプの強力な選択的アゴニストになります（AMPA/NMDA = 1700）。

このように**立体化学異性体**を利用することで、天然物の**標的分子選択性**を人為的に改変することが可能です。天然物の標的分子が明らかになり、立体異性体の利用によって標的選択性を自在に制御できるようになれば、天然物は、創薬シーズあるいは生物学研究ツールとしてより重要な地位を得るこ

（注1）グルタミン酸受容体サブタイプ
AMPA型：α-アミノ-3-ヒドロキシ-5-メチル-4-イソオキサゾールプロピオン酸受容体
NMDA型：*N*-メチル-D-アスパラギン酸受容体

とができるでしょう。天然物の神秘的な生物活性の分子的実体を解明し、その活性を自在に制御することも今や夢物語ではありません。

ま　行

や　行

ら　行

わ　行

た　行

な　行

は　行

さ　行

索　　引

あ　行

か　行

科学のとびら60

天然物の化学　魅力と展望

二〇一六年六月一日　第一刷　発行

編　者　上　村　大　輔

発行者　小　澤　美　奈　子

発行所　株式会社　東京化学同人
東京都文京区千石三-三六-七（〒一一二-〇〇一一）
電　話　〇三-三九四六-五三一一
ＦＡＸ　〇三-三九四六-五三一七
URL：http://www.tkd-pbl.com/

印刷・製本　株式会社　木元省美堂

© 2016　Printed in Japan　ISBN978-4-8079-1501-9